数 字 时 代

酒店后线区域建筑设计

Architecture Design of BOH Area for Hotel in Digital Age

卜德清 张 勃 著

中国建筑工业出版社

图书在版编目（CIP）数据

数字时代酒店后线区域建筑设计 = Architecture Design of BOH Area for Hotel in Digital Age / 卜德清，张勃著. —北京：中国建筑工业出版社，2020.10
ISBN 978-7-112-25376-0

Ⅰ. ① 数… Ⅱ. ① 卜… ② 张… Ⅲ. ① 饭店－建筑设计－研究 Ⅳ. ① TU247.4

中国版本图书馆CIP数据核字（2020）第151817号

项目名称：北方工业大学科技创新工程计划项目"立足京西服务首都的智慧建筑与智能建造关键技术研究—从表皮到体系"
项目编号：110051370018XN147

责任编辑：刘　静
版式设计：锋尚设计
责任校对：张　颖

数字时代酒店后线区域建筑设计
卜德清　张　勃　著
*
中国建筑工业出版社出版、发行（北京海淀三里河路9号）
各地新华书店、建筑书店经销
北京锋尚制版有限公司制版
北京建筑工业印刷厂印刷
*
开本：787毫米×1092毫米　1/16　印张：11¾　字数：234千字
2021年1月第一版　2021年1月第一次印刷
定价：49.00元
ISBN 978-7-112-25376-0
（36357）

序

前不久与卜教授见面时他送我一本刚刚出版的新书——《当代高层商务酒店建筑设计》，我曾为此书作过序，因而认真地翻阅着。少顷他又拿出一本《数字时代酒店后线区域建筑设计》的新书稿交给我，并嘱我再写一个序，想起这已是一年之内卜德清教授和张勃教授完成的第二本新书了，因而对我来说也是在一年之内第二次为之作序了。

虽听说前一本《当代高层商务酒店建筑设计》在编写过程中已积累了许多相关资料，但并没有想到第二本书会如此迅速地完成。想必二位学者一直致力于结合教学研究相关问题，出版书籍的脚步未见停顿。

新书稿重点论述城市酒店的后线规划设计，其内容不仅是《当代高层商务酒店建筑设计》的续篇，而且增加了数字化转型、智能开放、融合创新的新内容。

酒店后线服务区域是一个复合体，是由酒店多个服务部门组合而成。酒店后线服务区域与前线的客房、大堂面积之比例，一般来说随酒店级别升高而加大，普通酒店所占比例偏低，约为1：3、1：2，但对于高级酒店所占面积之比可达1：1，因而常常把后线服务水平看作是重要的品牌特色及酒店的生命线。

高级酒店的后线服务区域常常置于地下室，各种矛盾和需求共存，高效运转的食品加工、洗衣、设备运转共处一个大空间，需要科学技术、科学管理的支撑，这就是本书从理论到实践所梳理的全部内容。

本书对商务酒店后线服务中心的设计理念、设计程序、设计方法都有详细的描述，列举了国内外大量实例和详图，面对绿色节能、智能化、个性化服务等新的需求，迎来新的研究课题。

我特别推荐读者认真阅读“社会重大疫情风险防控应急常态化”这一章节，作者采用了详细的文字描述和精细的图面表达，其内容有重要的参考和实践的意义。

近来我常思考一个问题，即对纸质图书的阅读和无纸化电子阅读及查询如何选择，虽然随年龄增长和习惯不同而有差异，但我觉得一本图文并茂的纸书其阅读体验是非常好的，尤其当它的内容是丰富经验的总结时，会给建筑师对创意方案模糊思考的工作方式带来清晰的结论。

建筑师、业主及相关人士为了全面研究、设计快速发展的商务酒店，较好的选择应当是：认真阅读《当代高层商务酒店建筑设计》与《数字时代酒店后线区域建筑设计》两本新书，才更全面完美。

黄星元

2020 年 8 月

前言

本书详细分析和研究了城市大中型商务型酒店和旅游型酒店的后线服务区域建筑设计，论述分为三个部分：第一部分讲述酒店后线服务区域的概况及其发展历史；第二部分在分析酒店后勤服务系统的基础上，详细阐述了后线服务区域每一个板块的建筑设计方法；第三部分深入解析了若干实际工程案例，以图文并茂的方式展示了作者设计的四个酒店的后勤服务部分。

作为一本专门论述酒店后线服务建筑设计的著述，本书具有三个特点。第一，注重理论总结和工程设计实践相结合。本书是在对若干工程案例调查、梳理、总结的基础上撰写而成。第二，注重对工程设计图纸的展示和分析。因为图纸是建筑设计的主要表达手段，仅以文字方式来表述建筑设计是不充分的，因此本书配以大量的分析图纸，用设计图和分析图来阐述后线服务区域建筑设计，使论述和表达更加清晰。第三，关注了数字化和智慧化的发展趋势。本书专门叙述了酒店后线服务设计的数字化与智慧化相关内容，视角更加面向未来发展趋势。

笔者近年来在当代商务酒店建筑设计方面已经出版了《高层公共建筑设计》(2013年)、《当代高层商务酒店建筑设计》(2019年)两本著述，本书《数字时代酒店后线区域建筑设计》是这一系列的第三本。读者可以从这一套书中更全面地理解作者在这一领域的设计理念和思想。

作者希望强调的是，数字时代不是信息时代这一概念的替代说法或另一种表述，而是将信息用数字化方式进行采集、存储、输送、应用的一个全新的社会发展阶段。如果说信息时代的初级阶段是模拟技术阶段的话，数字化技术阶段一定是更高层次的阶段。建筑设计面临着以数字化为基础、网络化为手段、智慧化为目标的全面升级，本书对这些方面的相关问题进行了一定的回应，更多的工作有待于今后持续地开展下去。

张勃

2020 年 7 月 18 日于明德路浩学楼

目录

第1章 绪论

第2章 城市酒店后线服务区域发展历史现状及趋势

第5章 酒店后线区域设计案例分析

绪论

改革开放以来，我国旅游业蓬勃发展，来自世界各地的游客络绎不绝，带动了城市经济的发展，尤其是酒店业的发展。人们在到达目的地前，首先考虑的就是住宿问题。酒店为旅客提供舒适的住宿环境和高品质的住宿服务，而良好的住宿服务由酒店后线服务区域提供，其设计的优劣成为决定酒店经营成败的关键环节之一。

城市酒店指位于市中心的功能配置较齐全的大中型综合性酒店，除住宿外还提供会议、餐饮、娱乐、健身等服务，以商务型酒店和旅游型酒店为主。随着城市的快速发展，城市酒店的建设水平也越来越高，呈现出专业化、个性化等特点，并不断贴合城市中人们对高品质生活的需求。在酒店各个部分中，客房、餐饮、大堂等公共部分因直接面向顾客，供其使用，其设计举足轻重；同时，后线服务区域为顾客提供各式各样的服务，其设计的好坏直接关系到服务质量的优劣，进一步影响酒店的口碑，因而也需要引起足够重视。后线服务区域的服务型活动作为酒店日常运行的生命线，在维持酒店正常运转的过程中扮演了重要角色。

对于建筑设计师来说，要做好后线服务区域的设计，必须较为全面地掌握与其相关的专业知识，例如后线服务区域的功能组成、服务对象、流线组织及各种工艺流程等，在设计过程中做到心中有数。本书将从多个维度对后线服务区域的内容进行剖析，先介绍后线服务区域的演进过程及现状问题，对其未来发展进行展望，再引入后线服务系统的概念进行阐述，然后详细介绍后线各区域的设计原则和设计方法，最后结合多项实际工程案例进行分析，完成对后线服务区域设计较为详细的探讨，以供设计者参考。

1.1 城市酒店后线服务区域的总体特征

1.1.1 后线服务区域在酒店中的定位

后线服务区域提供的服务是酒店全部活动实现的基础。如果把酒店看作一个各部分完美配合的人体，公共区域就如同人的四肢，处理各项外部事务；后线服务区域则如同人的内脏器官，通过内在的运行支持身体的多种活动。后线服务区域在酒店后方不停运转，为酒店的正常运作提供必要的支持，与酒店、外界连接方便的同时尽量不占用酒店的有利地形，并保证其服务不打扰顾客的正常活动。

从人的行为和服务角度出发，酒店内发生的行为可以分为顾客行为、前台员工行为、后台员工行为和支持过程四个主要行为部分①（图1.1）。后线服务区域包括后勤员工服务区和后勤服务支持区，是员工的主要活动区域，并为酒店提供各项物质支持。②前线区域是相对于后线服务区域而言的被服务的区域，主要是客人活动的区域。“服务与被服务空间”的理论由路易斯·康在理查德医学中心的项目中正式提出，其中服务空间包含了辅助功能，而更为开敞的被服务空间则是主要功能，两者显现出对比统一的二元关系。③

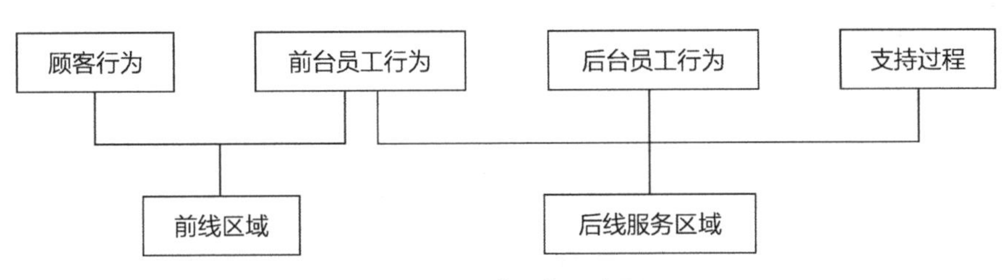

图1.1 酒店服务示意图

深入酒店内部不难发现，服务是酒店运营的真正核心。好的后线服务区域设计可以使工作效率得到最大限度发挥，从而降低酒店的运营成本，提高酒店的经济效益，因而具有重要的现实意义和经济意义。

后线服务区域的设计既要满足酒店顾客的服务需求，又要兼顾酒店的正常运营和内部员工的发展。酒店后线服务区域的规模和复杂程度要与酒店整体规模相匹配。酒店的性质与定位不同，其后线服务区域的侧重方向也会有所不同。但无论是何种酒店，其服务的多样化必然是通过后线服务区域的不断优化而实现的。

把握后线服务区域在酒店服务中的核心地位，才能更好地发挥其强大的支持作用。

1.1.2 后线服务区域的组成

1. 组成

酒店后线服务区域是一个复合体，是由酒店的多个服务部门共同组成的。这里不但有员工的工作岗位，也有他们日常生活的空间；不仅流动着大量物品，也发生着各种行为活动。其形成符合系统论的四大基本原则：整体性、相关性、秩序性和规则性。

① 黄思嘉．服务蓝图视角下的商务酒店流线体系设计研究[D]．广州：华南理工大学，2017.

② 邓璟辉．广州五星级商务酒店后勤功能及流线设计研究[D]．广州：华南理工大学，2015.

③ 钟曼琳，李兴钢．结构与形式的融合——路易斯·康的服务与被服务空间的演变[J]．建筑技艺，2013(03)：24-27.

本书将酒店的后线服务区域大致分为四个部分：后勤服务部分、行政办公部分、员工生活部分、机房与工程维修部分。后勤服务部分由厨房、洗衣房、各种储藏库房、垃圾房、卸货处等各部分组成；行政办公部分由酒店各部门人员的办公区域组成；员工生活部分由更衣间、员工食堂、员工活动室等供酒店服务人员使用的功能组成；机房与工程维修部分由各类机房及各类工程维修部门组成，是酒店运行的动力基础和设备的控制中心。

这四个部分位于酒店的不同的位置，通过服务系统的流线相互联系。

2. 外包和联营

酒店后线服务内容的一部分可能以外包或合作的经营模式实现，利用社会资源联合运营。

外包的经营模式有两种。①原料加工外包：指有些酒店的厨房省去原料的洗切等加工程序，采用直接向承包商购买菜品半成品的方式。②员工服务的外包：如将洗衣的项日外包给其他公司，或者雇用兼职的员工。一个员工同时服务于多家快捷连锁酒店，几家酒店共享部分员工。

与其他品牌、公司合作经营的情况有两种。①餐饮方面：餐饮部分全部由其他餐饮品牌承包，入驻的餐饮品牌需要向酒店支付租金、承包费等，与酒店有合作关系。②娱乐项目方面：一些娱乐服务如卡拉OK、水疗、按摩、健身等项目承包给外来企业，形成合作关系。这些项目的后线部分由公司独立运营或附属于酒店的后线服务区域。

这些经营模式是后线长期存在的一种特征。通过利用社会资源、节省后线服务区域空间的方式，提高经济效益并减轻酒店的管理压力。

1.1.3 后线服务区域的属性

1. 服务性

后线服务区域为酒店的公共部分及客房部分提供统一高效的服务，全方位满足酒店客人的需求，具有服务性。其具体表现有：厨房为各类型餐厅供应酒水食品，洗衣房负责清洗每日更换的床单、被套、制服等用品，库房确保酒店货物的及时供应，垃圾房对每日产生的垃圾进行处理，机房和工程用房维持酒店设备的正常运转与设施的正常使用。

2. 专业性

在各种建筑类型中，酒店建筑是功能比较复杂的一种，尤其是大中型酒店，其复杂性不仅体现在功能、流线方面，也体现在设施设备的专业化和管理方式的专业化（图1.2），后者要求设计师必须对酒店的管理及服务流程进行全面了解，从而做出既满足酒店顾客需求又符合管理人员及工作人员使用要求的酒店建筑设计。

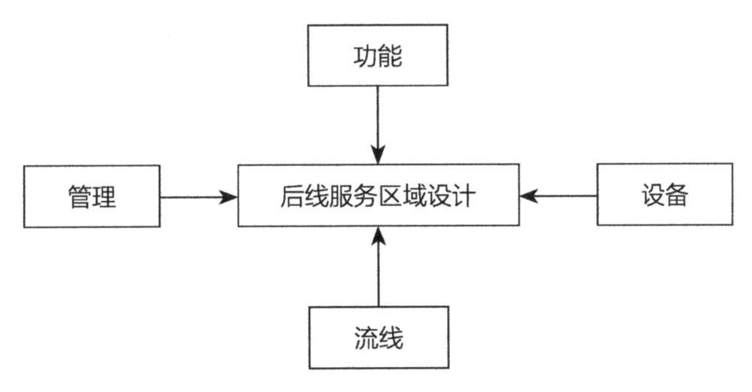

图1.2　影响后线服务区域设计的因素

3. 高效性

高效性是后线服务区域的重要属性。高效性首先可以通过交通流线的合理组织实现。流线的设计应遵从后线的工艺流程，流畅、便捷并尽量简短，避免迂回和交叉。员工通道可呈“鱼骨状”或“环状”布置，串联起各个服务区域，各个区域之间相互分隔又便于联系；服务走廊连接服务区和被服务区，最大化地保证服务流程的顺利进行和成果的及时送达。后线服务区域的一些设施设备，例如厨房的餐梯、洗衣房的污衣井等，可以提高酒店在垂直方向上的物资运送效率；通过自动化设备、无线网络等技术，能进一步提升后线服务方式的智能化。

员工的工作效率直接受到后线工作环境的影响，因此高效性也可以通过优化员工的工作生活环境来实现。后线的环境设计应考虑到使用者的行为和心理需要，要设计出舒适的空间、科学的环境、合理的布局，使酒店员工能够拥有人性化的工作环境。人性化的工作环境能充分调动员工的积极性，提升其士气，对工作效率以及服务质量的提高起到重要作用。

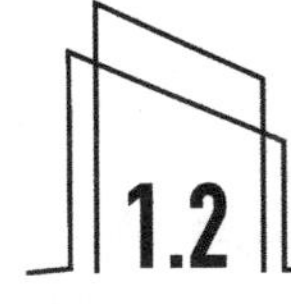

1.2 多重视角下后线服务区域的设计要求

后线服务区域设计中投资者、设计者、管理者、使用者四位一体，相互关联。投资者、管理者和使用者将各方面需求反馈给设计师，由设计师进行整合，通过设计实现各方目标（图1.3）。

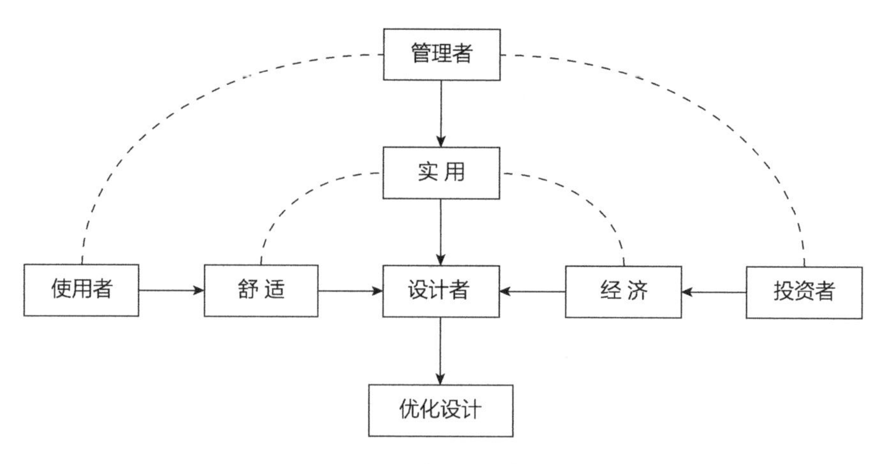

图1.3 设计要求的多重性

1.2.1 基于设计者角度

酒店是属于功能较为复杂的建筑类型，生命周期长，功能复合，专业性强，而后线服务区域更是功能集中的区域，对空间的利用有更高的要求。建筑设计规划空间布局，协调给水排水、暖通、电气、结构等专业共同工作，因此设计者应主动了解相关专业知识、行业规范，做好统筹规划。

虽然每个酒店的后线服务区域具有一定的共性，遵循一些基本的设计方法，但实际工程中仍然需要根据实际情况做出相应变化，这考验的是设计者的建筑素养和思考能力。设计者应摆脱思维定式，注重实践，抛开表面现象看到本质规律，更加关注实际使用情况。

设计者要认识到酒店在智能化等方面的变革趋势，考虑适应行业的动态发展，紧密结合科技进步，及时更新设计理念，扩大经济效益空间，提升服务质量，促使后线服务区域从硬件设施到软件系统各方面动态发展。另外，随着设备更新、经营方式进步，一些房间的面积及所占比例也会发生很大变化，如果不及时更新，很难适应新的生产、生活方式。

1.2.2 基于酒店管理者角度

管理团队应尽早与设计团队密切配合，在设计阶段通过不断沟通实现酒店管理与设计的紧密结合，促使酒店前线区域与后线服务区域两大空间主体有机组合，形成整体。管理者需要统筹规划，使后线服务区域与前线区域在同一体系下协调发展。后线服务区域内部也需通过有效的管理辅助酒店提高经济效益，打造品牌理念，形成特色文化。

管理者综合顾客、员工等不同使用群体的需求，提供给设计者真实的使用反馈。同时管理者也是特殊的使用者，比投资者更加熟悉后线服务区域的使用情况，比设计者更了解后期使用可能会出现的实际问题，能为酒店设计特别是后线服务区域设计提出很多细节经验，指导设计，有效避免由于前期设计不合理而造成的时间和资金成本的浪费。

酒店管理者应认识到后线服务区域人力资源的重要性，积极保障员工权益，以从业者的前瞻性灵活调控，形成具有个性化的规范准则。酒店管理者的参与，会使岗位工作流程、岗位设置、管理模式的优化在后线服务区域的空间布局上有所反映。

1.2.3 基于投资者角度

投资者应积极参与项目前期调研，明确投资目标和评价标准，以便对项目的后期建设效果进行评价。为了减少投资风险，投资者应有针对性地对目标市场进行市场调研，以获得预期的投资回报。

资金投入前，应对项目所需的建设和安装费、工程建设费、设备购置费、经营预备费、贷款利息、流动资金等进行估算。设备采购会影响到费用预算；设备的种类选择、布置情况会影响功能空间的布置和员工的工作模式。例如厨房、机房的设备数量、种类繁多，专业性很强，一般需要委托专门的设备团队进行专项设计。此外，投资者还需依据国家和地方的收费标准，结合当地市场情况和自身定位，反复进行分析调整，正确进行投资估算，为后线服务区域的设计施工提供指导。

一些投资者非常重视酒店的外观设计，投入了大量的资金。比起视觉效果，后线服务区域更看重功能布局的设计，讲求经济、实用的原则，以使用功能和生产效率为目标。后线服务区域的设计应增加现有空间的利用率，压缩无效益空间，避免预算增加。另外，随着新能源、新技术的应用以及市场动态的变化，后线服务区域开始向绿色节能、智能化方向发展，投资方向也应及时调整，紧跟趋势。

投资者应与专业的管理团队和设计团队合作，积极配合交流，通过合理规划、优化设计提高投资的回报。

1.2.4 基于使用者角度

1. 基于员工角度

员工是后线服务区域的直接使用者，作为酒店主要的人力资源，不断为酒店创造价值。管理者负责决策后线服务区域如何运作，员工负责执行规定、落实各项计划。设计时应注意员工的行为特点，避免其活动受到过多干扰或过分限制；空间应有适当的弹性，便于后期改造和工作岗位的调整。

后线服务区域的设计，特别是员工频繁使用的区域，要贯彻“以人为本”的设计思想。注重员工在后线服务区域工作的心理感受，特别是员工的生活区域，应通过设计优化员工的使用体验。

酒店员工是一种职业分类下的统称，用一个笼统的概念概括目标群体不妥，需要对其进行细分。在有针对性的精细化设计中，不同酒店、不同部门、不同工作时段的员工群体的需求与价值各有侧重。后线服务区域的员工生活区应依据员工的类别和特点进行针对性、个性化设计，不能一概而论。实际工程中可以参照酒店运营指标，根据员工数量多少、男女比例、特殊需求等调整空间布局，满足功能需求。

2. 基于顾客角度

酒店的工作目标是为顾客提供最佳的服务，设计也应以顾客为中心进行。后线服务区域虽然不直接接待顾客，但是其提供的服务质量与顾客体验息息相关，会对顾客满意度产生很大的影响。科技手段的进步让酒店可以及时获得客户的服务反馈并据此优化自身服务。通过大数据技术、云计算平台等手段进行分析计算，以顾客满意度为主要设计目标，以最终体验效果为评价标准，使后线区域的服务能更好地面向顾客喜好和市场需求。

从顾客角度对服务的评价有以下几项标准，可作为后线服务区域设计目标的参考。

（1）私密性：体现在保护顾客的隐私，保证酒店的私密区域不被干扰。取消楼层式服务台，采用大堂总台加智能化网络自助服务的模式，避免员工服务打扰顾客。

（2）便捷性：体现在顾客使用便捷，信息反馈便捷，体验服务便捷。

（3）时效性：体现在提供服务的及时性、服务的速度与效率上，服务信息处理及时。应通过对行业发展动态的把握，及时提升服务内容，更新服务设施。

1.2.5 基于行业环境角度

后线服务区域演进的过程紧随酒店的发展。从初期逐渐发展到成熟，后线服务区域从不被重视到设计规范化，再迈向智能化与绿色生态化，不仅是对自身的完善，也是行业发展的积累。

酒店直接接触顾客，属于第三产业即服务业，背后有完整复杂的产业链支撑。后线服务区域是人力密集、物流庞大而繁杂的区域。酒店后线服务是相关产业链中的一环，通过与相关的供应商合作，在后线服务区域形成有机的闭合链条。

酒店业是旅游创收的重要环节，提升后线服务区域的服务质量，争取更多的客源量，将对当地旅游行业产生积极影响。酒店产品的上下游企业通过物联网相互连接，从而实现产品信息的整合与共享，利于产品的推广。酒店的高质量服务能增加顾客在旅游途中的美好体验，有助于顾客形成对酒店所在地的良好印象。酒店产品需求的多元化，有利于促进相关行业发展，拉动区域经济增长。

1.3 城市酒店后线服务区域设计流程

1.3.1 前期基础调查

一个建筑项目的实现过程要经过策划、设计、建造等步骤才能交付使用。设计者通过前期调研形成对设计问题的认知，策划项目定位，制定设计目标，选择设计方案，预估使用效果。充分的前期调研是所有后续工作顺利开展的基础。

前期基础调查中要对设计要求、专业规范、项目合同、资金情况等进行资料信息收集，调查项目的背景、定性、定位等，并调研空间需求和使用者的需求，梳理空间功能关系。

1. 项目背景与项目定位调查

后线服务区域设计是酒店设计项目的一部分。前期应通过项目背景调查获得项目基础资料，如酒店的选址、场地周围环境、设计任务、规范要求、相关市政条例等，同时，收集酒店的投资方案、规模、个性化服务、目标顾客群体等资料，确定项目背景、定性、定位等。根据策划的目标和项目的价值评估，收集有关设计工作的各种现状信息。

后线服务区域设计服从于酒店的整体定位，以酒店整体环境为背景，遵循酒店的整体空间规划，实施合理的空间分配。在酒店前期方案设计阶段，应为后线服务区域预留出足够的空间和资源配置，并对后线服务区域进行大致的规划，可以避免后线服务区域在深化设计过程中出现各种矛盾。例如，由于技术问题无法解决而被迫压缩后线服务区域的使用需求。

2. 后线服务区域的空间需求调查

后线服务区域注重使用功能和高效性，设计者应重点关注空间需求、功能分配，把空间组织、功能分配、活动模式作为影响设计方案的主要因素，综合经济因素，确定适当设计方案。

后线服务区域的空间设置需要满足酒店后勤服务、酒店办公、员工生活、设备与工程维修的功能需求。

服务客房区域和公共区域需要设置布草间、洗衣房、厨房、库房、垃圾房等空间。洗衣房需要设置污物集中分类、清洗、烘干或晾晒、熨烫、净品存放等空间。厨房需要设置库房、切配间、烹饪间、蒸煮间、冷藏间、备餐间、洗消收残间等空间。因为餐厅的种类、烹饪流程的差异，厨房的空间需求可能略有不同。库房需要设置卸货区、登记入库、分类清点等空间。垃圾房需要设置集中存放、分类打包等空间。

酒店办公需要设置管理层和各部门办公室人员的办公区域。管理层的办公空间如经理办公室、秘书办公室等，需要考虑接见客户、展示酒店形象的需求。办公区域需要按部门分类设置会计部、销售部、客房部、餐饮部、公关部、人力资源部、保安部、供应部、工程部的办公室。

员工生活区需要设置培训、打卡考勤、制服发放、更衣浴厕、用餐、换班休息和适当的娱乐空间。生活区需要有明确的通道，集约布置，减少员工的路程。

设计前期还需要调研空间的位置需求、面积需求以及设备需求。如厨房、洗衣房等要布置在与餐厅、客房联通便利的位置，若不能挨近应保证有货梯直接到达；行政办公可位于前台后方、地下一层等位置。设备需求有厨房的烹饪设备、洗衣房清洗使用的水洗或者干洗设备、烘干熨烫的设备、入库清点称重的设备、各种运输设备、办公设备、供暖制冷的设备、安防设备、电气设备、媒体设备及智能化设备等。

3. 员工的行为调查和心理需求调查

后线服务区域空间需求的满足是酒店服务系统良好运作的基础。此外，还应明确员工活动的需求，处理好服务人员的行为与空间的关系，保障各部门良好运作。因此，设计者应考虑空间需求和业主关注的问题，同时还应关注员工的行为和心理需求，在前期进行调查，定义设计需求，使空间适合人的活动。

酒店员工需要经常跨越前线与后线服务区域，或者长时间位于后线服务区域。员工在各区域间穿梭需要有便捷、隐秘、专用的通道，如服务电梯、员工通道；厨房环境应通风良好、整洁明亮，打卡、沐浴更衣的配套设施应根据男女比例设置；值班员工需要短暂的休息空间，可就近设置员工换班宿舍；换班后供员工长时间休息的空间应免受打扰。此外，还应重视员工的心理建设和心理辅导，通过设置一些培训或娱乐项目，建立心理健康室，创建互助小组等，充实员工的业余生活。

后线服务区域员工的流动率往往较高，不利于酒店的经营，因此，管理者应及时采取措施，适当提高员工的待遇，优化其工作生活环境，关注其心理健康发展，以减少这种现象的发生。

要通过创新的理念和精细化的管理在后线形成独特的酒店服务文化，打造服务品牌，并培养员工的企业文化意识，通过开展企业文化活动，增强企业的文化凝聚力。加强对员工的人文关怀，有助于其形成在企业工作的荣誉感和责任感。

1.3.2 方案设计阶段

1. 服务系统设计

酒店后线各个服务区域与酒店的前台、客房、会议娱乐、餐饮服务子系统一起，组成酒店的总服务系统。各系统相对独立又相辅相成，以服务客人为共同目标，充分体现着后线服务区域的服务属性。

前台服务子系统提供顾客的接待、问询、指引等服务，具有综合功能，需要有人24小时驻守。前台是顾客进入酒店后第一个接触的服务部门，关系到顾客对酒店形成的第一印象，因而其设计十分关键。传统的前台服务台面积较大，需要员工轮流值班，现在已逐渐被一站式前台服务系统取代。

餐饮服务子系统即为顾客提供宴会、日常餐饮的服务系统，服务性质及使用人数决定了其后线服务的规模。新的餐饮服务系统建立在现代化信息传递系统之上，在成本的控制、服务质量和管理服务水平等方面都有着显著提升。

客房服务子系统为顾客提供客房服务，包括更换布草、打扫等工作，在客房层设置，但服务流线应与客人流线分开。现该系统已经与国际旅游酒店接轨，取消客房层服务台，将其工作统一交由客房部的客房服务中心，通过现代通信系统进行统筹安排。

会议娱乐服务子系统为顾客提供会议娱乐服务。会议酒店的会议设施规模越大，所需后线服务人员的数量也越多。新的智能化技术让会议娱乐服务子系统增加了智能场景、智能安防、智能信息发布等功能，为旅客提供更好的服务体验。

2. 服务流线设计

后线服务区域特别注重对客人流线、员工流线以及各种服务流线的区分设计，避免不同流线的交叉，尤其是客人流线与员工流线的交叉，员工流线与物品流线的交叉。员工流线与客人流线虽然分属于前线区域和后线服务区域，多数情况下互不干扰，但因为部分员工跨区域提供服务，因此存在流线交叉的可能，设计时要特别注意。员工流线与货物流线在后线服务区域存在部分重叠，但也有较大区别。

3. 后线服务区域设计原则

酒店后线空间组织原则有：①位置集中，空间紧凑，高效利用；②分区设计，分块处理；③流线清晰，流程便捷，互不交叉；④严格分区，互不干扰；⑤装饰简洁，降低造价。

（1）位置集中，空间紧凑，高效利用

后线服务区域空间位置相对集中，在加强内部联系的同时，也便于工作流程的进行和内部管理的实施。

与公共区域和客房区域相比，后线服务区域面积所占比例较小，以经济实用为重，因

此在满足功能需求的前提下要精简空间，提高空间利用效率。

后线服务区域大部分设置在酒店地下一层至地下二层，部分用房如防灾中心需设置在地面首层，也按区域集中设置。联系密切的空间处于同一区域，为工作的进行提供了巨大便利。一些区域如员工生活区将内部的员工考勤、制服部、更衣浴厕区、餐厅、休息室等部分靠近员工入口集中设置，而该区域因与后线服务其他区域联系不大，并未与之相邻。客房层的后线服务区域有布草间、服务间等，处在隐蔽位置，与一层或地下一层的洗衣房、备餐间属于同一垂直分区，因此可配置专用服务梯增强垂直联系，以兼顾整层客房区域的服务。

（2）分区设计，分块处理

酒店后线服务区域设计须对酒店服务属性进行深入分析，依据工艺流程进行分区设计。

后线服务区域应先将空间划分为几个区域，再在各区域内分块、分层次处理空间功能关系。后线服务区域根据功能分为后勤服务部分、行政办公部分、员工生活部分、机房与工程维修部分四个部分。各部分再进行细分，如后勤服务部分进一步分为厨房、洗衣房、各种储藏库房、垃圾房、卸货处等部分；厨房内又分别设置库房、切配间、烹饪间、蒸煮间、冷藏间、备餐间、洗消收残间等区域。

后线服务区域服务系统中各区块还呈现出动态发展的趋势，表现在各部分与环境相互作用的过程中，以系统发展方向为导向，不断优化自身，以适应酒店的发展。

（3）流线清晰，流程便捷，互不交叉

为实现酒店服务的迅捷化及高效化，良好的设计应在保证服务流程完整的情况下，尽可能缩短酒店的服务流线。便捷的流线使服务的传递更为顺畅。只有当产品和服务更快捷、准确地送达客人，服务效率才能得到保证。

厨房、洗衣房等后勤服务区域要布置在与餐厅、客房等前线相应区域联通便利的位置，若不能就近布置，可设置专用服务电梯，以保证服务的顺利送达。行政办公可位于前台背后、地下一层等位置，应方便与前线保持联系。员工考勤、更衣间紧邻员工出入口，且设置在员工上班路线起始端，为其上下班提供便利。

后线服务区域还采用污衣井、餐梯等运输方式，形成快捷的垂直物品流线，即使相距较远，也能确保后线与前线之间的服务顺利进行。如今服务流线的设计更是融入了智能化元素：送餐机器人穿梭在餐厨之间，提供智慧高效的送餐服务；无线设备消除了时空的限制，让员工能远程操控设备，将服务隐于无形。

（4）严格分区，互不干扰

后线服务区域属于对内空间，同时与外部空间有密切联系，但一般不直接对外。后线服务区域应与酒店公共部分严格区分，尽量不要夹杂在各个公共空间之间，要做到互不干扰（图1.4）。

在设计前线部分时，尽量将员工通道布置在一侧，以减少员工穿越公共区域的情况。在客房层，员工通道的出入口应避免直接面向客房，不与公共空间混杂在一起，其位置不应干扰视线景观面。产生噪声的房间尽量布置在底层，远离公共区域和客房区域。后线服务区域的主要出入口应避免设置在客流密集的地方，防止客人误入，必要时可在出入口附近设置标识以示提醒。在设计过程中，应将后线服务区域影响顾客入住体验的不利因素降到最低。

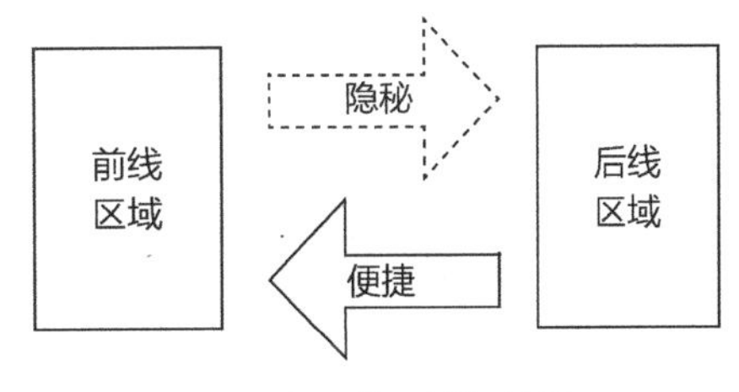

图1.4　前后线区域间的关系

（5）装饰简洁，降低造价

室内设计中，用装饰材料、灯光等变化增强空间引导性，明确地引导人的行为活动。相对于客房区域、公共区域精致的装修风格，后线服务区域做到简洁朴素即可，以帮助员工专注地完成工作。以灯光的布置为例，公共区域可以通过各式各样的灯光营造氛围，而后线服务区域的灯光不在于氛围营造，应更注重实用性和经济性，以降低造价，如使用节能高效的LED灯。在特定工作区域，有时需要根据工作的特点采用除了一般照明以外的其他照明方式，以确保工作的顺利进行，但其灯光的选用都应以简洁实用为主。

本章小结

本章从宏观角度介绍了后线服务区域的定位、组成、属性，为后线服务区域的设计提供了多种视角。从前期基础调查到方案设计阶段再到设计流程的规划，总结出了后线服务区域的若干设计原则。

现代大中型酒店不断向功能复合的综合设施发展，服务系统在更迭中呈现协同化、智能化等态势。随着后线服务系统的发展和演进，企业内部结构和功能关系也在不断调整和改进。深度了解后线服务区域的设计要点，密切关注后线服务区域发展动态，将极大提升酒店的核心竞争力。后线服务区域的发展将越来越受重视，在未来可能会达到一个新的高度，为酒店业持续蓬勃的发展提供更加坚实的保障。

第  章

城市酒店后线服务区域发展历史现状及趋势

以唯物辩证法的观点来看，一切事物都有产生、发展、变化的过程，我们既要了解它们的过去、观察它们的现在，又要预见它们的未来。事物的各个阶段层层推进，在新事物代替旧事物的过程中不断向前发展。本章节按照酒店建筑发展的时间脉络来探讨东西方酒店后线服务区域不同阶段的发展历程，追溯酒店后线服务区域的历史，探究其现状中存在的问题，展望其未来的发展趋势。此外，还就重大疫情风险下隔离酒店的空间设计问题进行了探讨，提出了加强后线服务区域风险防控常态化的措施，以供参考。

2.1 城市酒店后线服务区域的发展历史

酒店后线服务区域的演进过程与酒店不是完全同步的，具有相互促进的关系（图2.1）。一方面，酒店向好发展带动了后线服务区域的发展；另一方面，后线服务区域的提升也是酒店全面发展的重要体现。酒店经营性质的需要、科学技术手段的提升、社会需求的扩大、建筑理论的完善等因素，促使酒店后线服务区域在当代飞速发展。

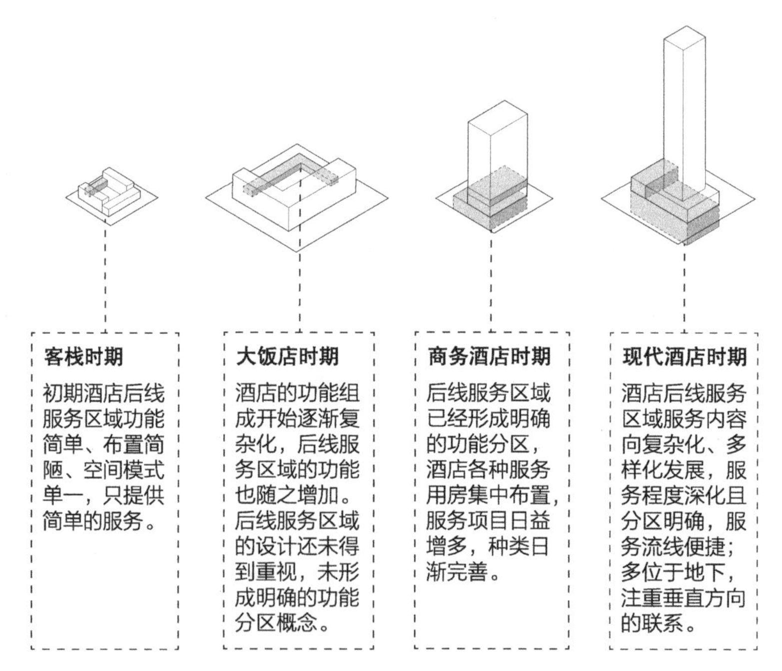

图2.1　西方城市酒店后线服务区域的演进过程示意图

2.1.1 西方城市酒店后线服务区域的演进过程

1. 开始阶段——客栈时期

初期西方酒店被称作“客栈”，功能简单，布置简陋，只提供基本的食宿服务。酒店的公共空间仅位于住宿外的附属用房，前线区域与后线服务区域没有明确的划分（图2.2）。这个阶段的酒店仅马厩区域具有后线服务区域的属性。酒店服务人员在马厩旁的附属用房里参与各种服务工作，为客人准备食物，洗衣服，修理马具及其他用具等。

2. 形成阶段——大饭店时期

从18世纪下半叶英国工业革命到19世纪这一时期，是西方酒店的形成阶段。随着机器化大生产的发展，大资产阶级掌握了国家政权，城市发展转向以工商业为中心。生产力的提高促进了城市的发展，城市往来也越发频繁，让酒店业得以迅速发展。这个时期，新兴的资产阶级追求奢靡的生活方式，欣赏中世纪上流社会的建筑与装饰风格，因此建造的大饭店多作为上流社会的交际中心，承担公共交往功能，而不以营利为目的。酒店装修富丽堂皇，家具布置十分讲究，服务人员态度殷勤。

从大饭店时期开始，酒店的功能组成逐渐复杂化，后线服务区域的功能也随之增加（图2.3）。英国普利茅斯皇家宾馆平面的右侧及后方布置的马车库及马厩是酒店集中的后线服务区域，但餐厅、咖啡厅等公共部分所需的服务用房大多就近布置，前后线区域仍未进行严格划分，未能形成明确的功能分区。其建筑设计着重关注酒店公共部分及客房区域的设计，后线服务区域未得到重视。

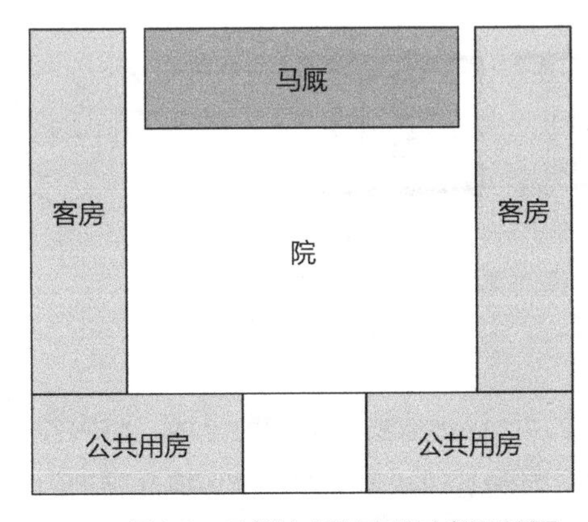

图2.2 欧洲中世纪客栈功能平面图
（图片来源：徐鑫. 信息时代旅馆建筑功能的演变与设计理论研究[D]. 天津：天津大学，2006：8.）

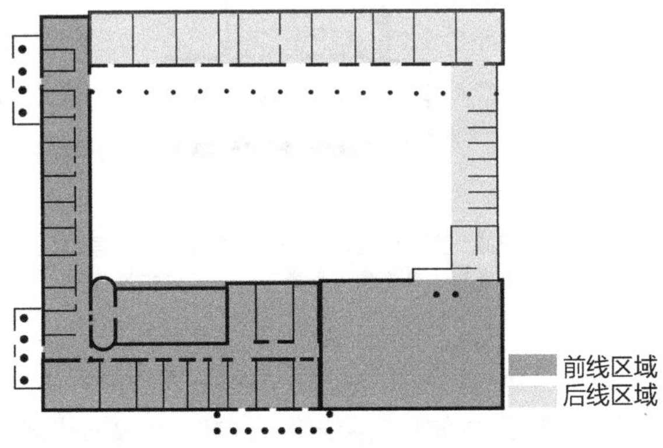

图2.3 英国普利茅斯皇家宾馆

3. 发展阶段——商务酒店时期

20世纪以后，美国的社会生产力开始崛起，关于高层建筑的设计理论、结构形式以及施工技术出现了新的发展，以钢筋混凝土为代表的新材料和以电梯为代表的新设施得到广泛应用。高层酒店的建设高潮从美国发展到欧洲各地。

同一时期，为了适应社会不同阶层人士的需要，新型商务酒店出现了。如果说“大饭店”时期酒店的特点是“豪华”，商务型酒店的特征则是“效益”。其服务从大饭店时期的豪华、讲究转向商务时期的高效、便捷。酒店的管理开始应用科学的“经营合理化”，采用简洁实用的建造方式和标准化的设备设施以提高经济效益。该时期被称为西方的“商务酒店时期”。该时期的酒店设计讲求功能分区，打破了旧时空间布局的约束，营造舒适的客房环境，讲求面积的集约利用，建筑形式也转变为更简洁、更现代的板式高层楼配低层裙房的形式（图2.4）。

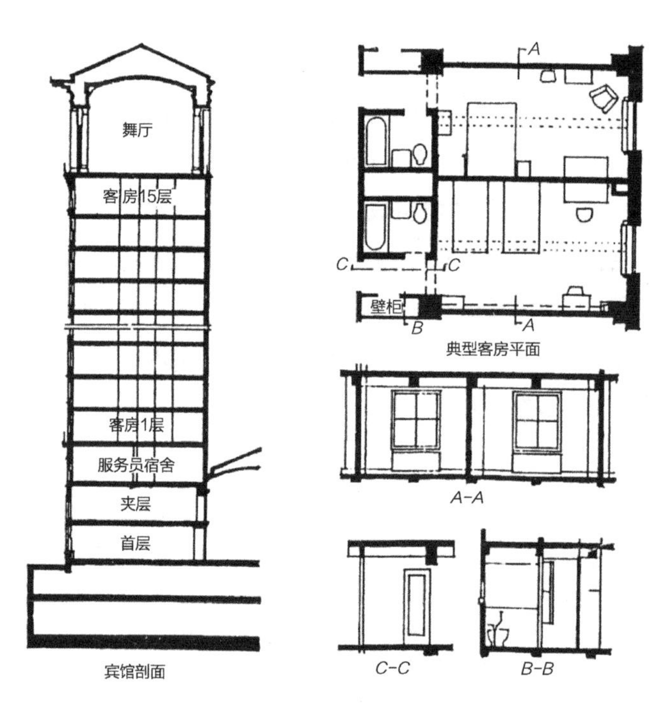

图2.4　20世纪20年代的高层宾馆——美国圣路易斯斯泰特勒宾馆剖面及客房平面

（图片来源：唐玉恩，张皆正．宾馆建筑设计[M]．北京：中国建筑工业出版社，1993：4.）

商务酒店时期酒店建筑的后线服务区域逐渐完善，已经形成明确的功能分区。酒店各种服务用房集中布置在后线服务区域，远离前线部分，其设置讲求服务路线的短捷和管理的集中；各种服务项目日趋复杂，种类日益完善，如洗衣、饮食加工等服务逐步朝着标准化发展。另外，酒店还考虑到员工的住宿问题，将服务员宿舍与客房分开，单独设置在一层。

4. 成熟阶段——现代酒店时期

20世纪中叶以后，新材料、新结构、新技术的发展为现代酒店的发展提供了条件，促进了现代酒店在功能布局、建筑造型、内部环境等方面的发展。新时期的现代酒店继承了“大饭店”的气派、豪华，延续了商务酒店的经济、高效，并引入了优美的环境和高质量的服务以满足顾客的精神需要。酒店设计力求外部造型独特，内部设施完善，提供的服务细致到位（图2.5～图2.7）。

图2.5 美国亚特兰大桃树广场酒店
（图片来源：WOMERSLEY S. John Portman and Associates [M]. Images Publishing Dist A/C，2006：17.）

图2.6 美国芝加哥水塔广场大厦
（图片来源：芝加哥建筑信息网，https://www.chicagoarchitecture.info/photo.php?ID=1351&pn=6.）

图2.7 迪拜阿拉伯塔酒店
（图片来源：缤客网，https://www.booking.com/hotel/ae/burj-al-arab.zh-cn.html?activeTab=photosGallery）

现代酒店时期的酒店后线服务区域服务内容复杂化、多样化，服务程度深化，前线、后线服务区域分区明确，注重服务流线的设计；后线服务区域的各组成部分也同样分区明确，靠近各自的服务区设置。后线服务区域多集中布置于高层酒店建筑的地下层以充分利用地上空间创造收益。该区域与公共区域的垂直联系加强，虽服务空间布置于不同的楼层，但注重垂直交通的联系。注重空间环境的设计，提高了员工工作环境及生活环境的质量。

2.1.2 中国城市酒店后线服务区域的演进过程

中国酒店后线服务区域的发展经历了与西方相似的历程。同是为旅客提供住宿、餐饮、娱乐等服务的建筑，西方多称为酒店，中国多称为宾馆，但一般酒店比宾馆的服务范围更广、规模更大。在中国古代文献上，有逆旅、客馆、传舍、客舍、驿站、客店、路室等诸多称谓。隋、唐、宋代出现了四方馆、客店等不同种类的宾馆。其中唐朝国力强盛，与各国的商业贸易频繁，促进了宾馆业的繁荣。该时期用于接待过往客人的宾馆称为驿站或客栈。元、明、清时期在唐宋的基础上继续发展，但建筑形式、功能布置及服务种类方面均未出现较大变革。其建筑的形制一直延续到近代时期。①中国的酒店虽起步较早，到了近、现代发展迟缓，改革开放之后随着中国经济的崛起而得到迅猛发展，目前酒店发展越发接近西方发达国家的水平（图2.8）。

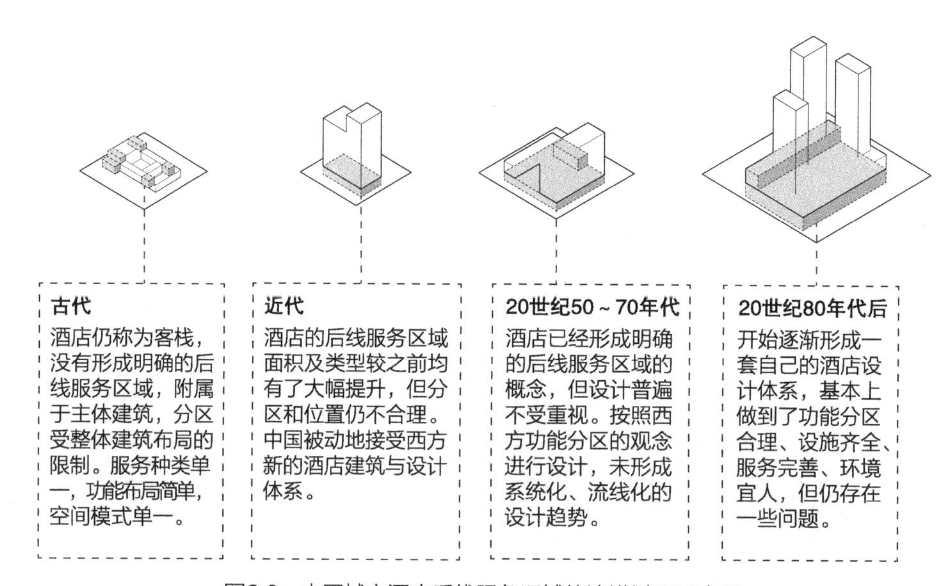

图2.8　中国城市酒店后线服务区域的演进过程示意图

1. 开始阶段——古代

中国古代客舍为适应社会森严的等级制度，分为满足国家政治需要的官办旅舍、满足一般旅人住宿要求的民办商业性客店和多为文人墨客或宗教人士旅途中投宿的寺庙客舍三类。一般民办商业性客店规模较小，采用民居形式，服务种类、功能布局和空间模式都较为单一。受低层院落式布局的影响和社会生产力的限制，我国古代酒店无论从建筑形式、功能布置还是服务种类等方面均未出现较大变革，外部形制和内部分区一直延续到近代时期。

我国古代酒店通常采用庭院式布局，如四川灌县瑞生店（图2.9），前面是对外营业的餐馆，餐馆侧面是厨房。酒店后方布置客房，中间设庭院，带有优美的室外环境。这是我国古代中低层酒店的基本空间模式。此时尚未形成明确的后线服务区域，只是在酒店外部或后部设马厩等服务空间，这点与西方古代的酒店类似。此外，服务种类少，服务空间设置也相对较少，后线服务区域附着于主体建筑，分区受整体建筑布局的限制。

① 龚欣. 现代城市旅馆的功能空间关系研究[D]. 北京：北京工业大学，2003.

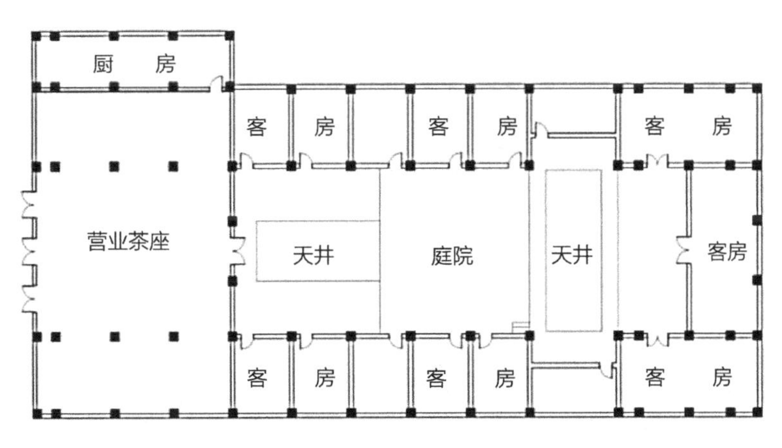

图2.9　四川灌县瑞生店

2. 形成阶段——近代

鸦片战争以后，西方资本主义势力进入中国，带来了西方先进的建筑技术。西方的酒店体系与我国有很大差异，使得我国在巨大的文明冲突中被动地接受了新的酒店建筑与设计体系。中国的现代酒店形式完全采纳了外来文化，基本上全盘接受了西方现代酒店的建设理念。

这些大饭店多数由外国建筑师设计，位于北京、上海等大城市中心地区，规模庞大，体量突出，服务标准高（图2.10～图2.12）。由于新的施工技术的引入，中国的酒店建筑摆脱了几千年来的低层庭院模式，开始运用新的材料（钢材、砖、混凝土）以及新

图2.10　北京饭店老楼

图2.11　汇中饭店

图2.12　和平饭店

的结构体系，建筑层数也提高到二十多层。建筑功能开始分层分区布置，电梯、供暖系统及卫生间等设施也具有国际先进水平。这批近代大饭店建筑成为我国近代建筑的典型代表。

此时中国接受的是西方酒店“大饭店”时期的观念，不仅对酒店进行功能分区，还增加了服务的种类，如舞会、宴会等娱乐功能开始引入，引起服务空间的相应变化。酒店后勤服务用房的面积及类型较之前均有了大幅提升，但酒店的后线服务区域划分还不明确，且各部分位置及面积大小等指标也没有标准可遵循。

3. 发展阶段——中华人民共和国成立初期

中华人民共和国成立以后，在20世纪50年代到70年代期间，我国各地兴建了一批酒店，大多数酒店采用的标准较低；也有一些用于外事活动的标准较高的酒店，如北京饭店、北京友谊宾馆、北京国际饭店、广州宾馆、白云酒店等（图2.13 ~ 图2.15）。20世纪60、70年代，我国的旅游、外贸事业发展迅速，酒店数量严重不足。在这种背景下，广州兴建了一批以接待国外游客以及商务客人为主的酒店，如白云酒店、广州宾馆、东方宾馆、流花宾馆、双溪别墅、白云山庄等，其设计水平先进，位于全国前列。这些酒店的设计采用不对称布局，选择造型简洁的立面，进一步强调功能分区，并开始了具有中国特色的酒店建筑的探索。但是该时期酒店的服务形式和种类均较为单一。

除提供住宿外，酒店的公共部分仅提供少量功能，包括简单的餐饮服务、会议和娱乐设施服务。一些酒店厅堂空间过于高大，间接收益面积或无收益面积较大，且配置的服务设施种类少，服务水平低；后线服务区域的设计普遍不受重视，缺乏快捷方便的流

图2.13 北京国际饭店

图2.14 广州宾馆
（图片来源：途牛旅游网，https://m.tuniu.com/hotel/detail/32671）

图2.15 广州白云酒店

线，对工作人员生活工作环境的关注也不够。虽然大体上已经形成明确的酒店后线服务区域的概念，开始按照西方功能分区的观念进行设计，但由于对经济性的过分追求，后线服务区域提供的服务种类依然较少，其地位未受到足够重视，没有形成系统化、流线化的设计趋势。

4. 成熟阶段——改革开放后

改革开放以来，我国经济进入了一个快速发展的时期。商务活动、旅游活动的繁荣，带来了大量的住宿需求，也迎来了一个酒店建设的高潮。这个阶段产生了一批较早利用外资建设的酒店，例如北京建国饭店、北京长城饭店、香山饭店、南京金陵饭店、广州白天鹅酒店、上海花园饭店、北京海航大厦万豪酒店等（图2.16～图2.18）。这些酒店大多由国外建筑师设计，采用了国外新的设计理念和设计手法，突出特征是功能布局合理、设施齐全。但后线服务区域主要看重功能布局，缺乏对员工满意度的考虑，缺乏人性化的空间设计。

图2.16　北京长城饭店

图2.17　上海花园饭店

图2.18　北京海航大厦万豪酒店

这个时期，我国在努力适应世界酒店发展趋势的基础上，结合本国社会现状，逐渐形成一套自己的酒店设计体系，基本上做到了功能分区合理、设施齐全、服务完善、环境宜人。但也存在着一些问题，例如，酒店缺乏对使用群体的心理研究，在设计上还不能做到以人为本；其空间设计也未考虑如何应对将来可能发生的变化。在迅速发展的信息时代，各种技术的更新及人们生活方式的改变，对酒店的内部功能和外部形式都产生了巨大的影响，然而设计者和建设者将复杂问题简单化，导致我国部分酒店无法适应现实中的复杂变化，无法应对疫情等重大风险造成的突发状况，值得反思。

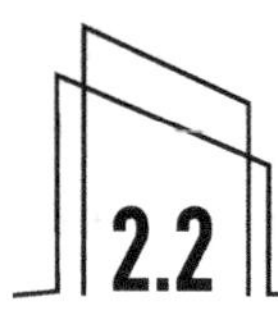

2.2 城市酒店后线服务区域设计现状

目前，我国的大中型城市酒店设计已经发展到了较高的水平，基本上能够满足行业发展的需要。整体说来，我国城市酒店后线服务区域在设计中仍面临着许多问题，但是机遇与挑战共存，只有不断发现问题、解决问题，后线服务区域才能持续向前发展。目前，存在的问题具体体现在以下几个方面。

1. 国内酒店设计的理论方面

酒店设计者普遍将大量的时间、精力放在了前线公共空间和客房部分的设计上，对后线服务区域的设计重视不足，对酒店的服务流程研究不够，导致该区域的设计水平较酒店整体偏下。另外我国目前针对酒店后线服务区域的专门研究还比较少，导致了理论研究工作相对实际设计工作滞后。

国外的研究不能直接套用。尽管国外对酒店的研究较国内更深入也更全面，但仅能作为我国酒店建筑设计的一个参考，因为各国国情不同，无论是经济发展水平还是人们的生活习惯都存在着很大的差异。

2. 国内酒店设计的方法更新方面

从酒店后线服务区域发展过程的简述中可以清楚地看到：酒店后线服务区域的功能空间组成及其关系随社会生产力的发展而日益复杂化，也随着经济社会的发展和人们生活习惯的变化而变化。在酒店后线服务区域设计中出现了很多新的服务需求、新的功能空间、新的科技手段、新的设计方式，随之而来的是新的服务模式，例如智能科技在酒店后线服务区域中的应用大大改变了传统酒店服务过多依赖人工的模式。

3. 国内酒店设计对使用者的关注方面

部分酒店在后线服务区域的空间处理上缺乏对管理者与员工心理及行为的深入研究，造成员工在工作、生活过程中产生了诸多不便及心理上的不快。设计中忽略酒店工作人员的存在及感受，忽视其行为规律，将造成使用空间缺乏人性化等问题，不利于企业凝聚力的形成。这些问题在后线服务区域设计中的主要表现为空间设计缺乏对尺度的正确把握，如一些需要宽敞的功能空间过于狭小，无用空间又过多；缺乏对人体工程学及环境行为心理学等相关方面的研究与运用，如供员工使用的空间过于拥挤，设施使用感不佳等。只有对服务人员的行为进行充分的研究和认识，才能在后线服务区域营造一个良好的工作氛围。

4. 国内酒店设计的空间构成方面

后线服务区域功能空间构成不合理，缺乏对内容设置和面积指标等问题的深入分析，将影响服务人员的使用和整个酒店的收益；空间布局也不能适应将来可能出现的变化，无法适应社会快速发展的需要。后线服务区域功能结构设置不合理，造成一些低效率空间的产生，无法满足使用要求，从而造成后线服务区域资源浪费、管理不便等问题，直接影响到酒店的经营效益。

5. 国内酒店设计的综合性方面

国内部分酒店缺乏对后线服务区域、公共区域及客房区域的综合性统筹设计，未把三者作为一个整体考虑。对酒店的无收益空间后线服务区域认识不足，导致整个酒店前、后线服务区域脱节、服务传递不畅、服务流线交叉等问题。酒店设计较为复杂，需要各专业协同设计，设计师应对酒店知识有全面细致的掌握，总览全局，积极与各专业设计师沟通协商，完成各项需求。

2.3 后线服务系统的发展趋势

随着酒店业的快速发展，后线服务区域也经历了从简陋到完善、从依靠经验到依靠科学的发展过程，并展现出智能化、绿色生态化的趋势。把握这些趋势，有助于我们及时了解后线服务区域发展的动向，完善后线服务区域的运营，加强后线服务区域的管理，增进后线服务区域发展的合理性和可持续性。后线服务区域与时俱进的发展是酒店全面发展的重要体现和必然要求。本章节通过对现代后线服务区域发展的主要趋势进行总结概述，探讨酒店后线服务在智能化、绿色生态化两方面发展的现状与构想，为后线服务系统设计提供借鉴。

2.3.1 智能化

智能化酒店（Intelligent Hotel）是指通过整合现代计算机技术、通信技术、控制技术，为顾客提供优质服务，降低人力与能耗成本，通过智能化设施提高服务信息化，营造人本化环境，形成一个投资合理、安全节能、高效舒适的新一代酒店[①]。后线服务区域也属于

① 中华人民共和国国家旅游局．饭店智能化建设与服务指南：LB/T 020-2013[S]．2013.

酒店智能化进程的一部分，下文将从服务的智能化和功能的智能化两方面进行阐述。

1. 服务的智能化

智能酒店提供智能服务。与传统酒店相比，智能服务的方式有很大不同，其致力于通过科技创新，在提升酒店管理和运营效率的同时，为客户提供优质的服务体验。

（1）前台服务智能化

以往顾客入住酒店需在前台等待办理入住手续，接受的是前台的人工服务。而智能前台通过智能机器人或是智能入住机等设备为顾客提供自助入住服务，其具体操作模式是线上自助办理，线下快速入住。传统入住程序耗费时间的原因是将确认身份和办理房卡等工作交由人工进行，而智能前台的出现，将身份认证等操作通过网络系统解决，不再使用传统的实体房卡，随之简化成简单的刷脸或刷二维码等操作，较传统的入住方式更简便快捷。在告别人工前台和房卡以后，前台入住与结账的办理为顾客带来轻松愉快的体验。

（2）餐饮服务智能化

餐饮服务智能化的主要体现是服务效率的进一步提升和产品质量得到更多保障。在智慧餐饮领域，人工智能（AI）、大数据、人脸识别、无感支付四大核心技术的应用和创新，帮助传统餐饮完成线下场景数字化升级。从运营、推广到生产的各个环节，餐饮服务从线下升级到线上：菜品需要补充时通过互联网采购，当天或次日即可送达；顾客在餐厅用餐不必在现场等位，可以线上预约，若无法到场还可呼叫外卖；现场点餐也不需要服务员，手机扫码即可；送餐、招待等服务工作可由智能机器人代劳……通过智能化手段，多样化、个性化的餐饮服务得以实现，更好地满足人们对高品质餐饮服务的需求。

（3）客房服务智能化

客房服务智能化主要体现在全新的客房室内环境与客户前所未有的住宿体验。客房服务智能化是运用智能AI控制系统，对客人的要求进行智能应答，以满足其服务需求。顾客仅需通过语音命令就能随意操控房间设备：灯光、电视、窗帘、网络……充分解放了双手。此外，还有语音点餐、信息查询和服务呼叫等多种服务。退房之时，顾客只需告知客房内的智能助手，并在手机端进行确认即可离开，无须再经过前台办理退房手续。

（4）会务娱乐服务智能化

会务娱乐服务智能化主要体现在为顾客提供智慧设备支持下的专业高端的会务娱乐条件。在互联网、大数据支持下，线上线下的资源得到整合，智能化运营方式结合智慧的运行设备，打造更专业的会务娱乐环境，营造更舒适的氛围。以会议为例，目前该领域已经发展出智能无纸化会议系统、5G智能高带宽WiFi无线会议系统和全数字会议系统等多种智能会议系统，用无线网络和多媒体系统联合打造高清视听和云端服务等高端会议体验，签到、会议、浏览、批注、投票等功能皆可线上完成并在云端记录，实现会议场景各要素的互联互通。

（5）大数据支持下的个人化服务

该服务通过在手机客户端挖掘顾客的消费偏好与消费历史，建立消费者消费信息大数据库，并根据大数据分析结果预测其消费取向，从而为顾客推荐适合的服务。一方面可以通过统计和分析掌握消费者的消费动态和产品的体验效果，有的放矢地优化酒店的营销策略，做到精准投入；另一方面，根据顾客的消费偏好制定个人化服务，可实现后线服务的精准送达。在大数据技术支持下，每位顾客都能体验到独一无二的个人化服务。

（6）无人化服务

酒店行业属于劳动密集型产业。统计数据显示，人力成本是传统酒店业的第二大支出，并呈现逐年上升趋势。以往酒店不仅要安排员工在后线服务区域进行服务准备工作，还要安排一定数量的员工穿梭在前线和后线之间，将后线服务区域的成果送达客人。而科技助力下的酒店线下服务，让酒店或趋于“无人化”：人脸识别和二维码验证等技术让顾客从进入酒店到入住客房实现畅通无阻的极速入住体验，客房的人工智能系统和酒店小程序能充当顾客的“客房管家”；在酒店内享受餐饮娱乐等各项服务无需人员接待，可以通过扫码或扫脸自助进行。

在疫情期间，无人化服务可在满足顾客的服务需求前提下，减少人与人之间的接触。一方面，智能化程序替代了人工服务，减少病毒在酒店员工与客人之间发生交叉传播的可能性；另一方面，“无接触服务”能确保处于隔离期的人员在遵循隔离措施的同时，足不出户就享受到生活所需的各项服务。

2. 后线功能智能化

（1）智能厨房

厨房的智能化是厨房自身适应行业发展而迎来的一场全新的革命。如今，后线服务区域的餐饮服务正由传统的粗放型生产向现代的集约型生产转变。

智能厨房的一个重要特点是增加了厨师与厨房系统的交互。通过智能语音识别技术，系统可以读取厨师的语音指令，并通过智能计算灵活地给出烹饪方案。系统的操作以人为中心，用智慧的手段辅助厨师进行烹饪工作，打造全新的烹饪体验。

此外，智能厨房通过引进现代生产设备，将智能的操作模式贯穿厨房的整个工艺流程。智能订货、智能库存技术能够优化订货流程和货物管理方式；智能设备让食品加工区的环境更加整洁，不仅解放了员工的双手，还提高了食品加工效率；智能烹饪系统不仅告别了油烟和明火，还让烹饪方式更加灵活、烹饪环境更加安全；智能洗消进一步保障了餐饮环境的卫生；智能送餐以更灵活、更智慧、更快捷的方式将后线餐饮服务成果送达客人。

智能厨房的设计对加快厨房转型、构建厨房生态、促进后线餐饮服务区域的标准化建设和规范化生产等方面有着重要作用。

（2）智能洗衣

计算机、人工智能、大数据等技术手段帮助开启智能化洗衣模式。依靠智能计算，全自动触控屏替代按键旋钮；通过与云端相连，洗衣机学习洗衣过程并自动生成洗衣方案；因布草量巨大造成的管理难等问题也因为大数据技术得到改善。原来单一、固定的洗衣程序变得多效、联动；原来依赖人工、费水耗电的洗衣模式变得智能高效、节水省电；原来由若干个相互独立的设备组成的功能单一的洗衣空间变成整体性强的智能洗护空间和系统。

（3）智能库存

后线区域有巨大的物资流动量，基于大数据的后线区域智能化库存管理系统可以有效地解决后线区域大量物资的管理难题。运用大数据技术建立库存物资信息管理数据库和信息采集模型，通过智能查询、智能订货、智能预测等物资管理手段，优化后线服务区域库存物资的管理和调度能力，发挥信息流通在物资管理方面的重要作用。

（4）智能供暖

酒店供暖系统的智能化是后线服务区域节能的重要手段。传统供暖方式的自动化和信息化水平较低且十分耗能。而以大数据技术为手段的供暖系统将实时采集的室温数据及时反馈给系统，系统迅速做出反应并对室温进行及时调整，解决了以往因缺乏监控而产生的室温过热或温度不够等问题，在实现室温精准调控的同时也有助于能源的集约利用。

（5）智能办公

后线服务区域的人员办公逐渐向自动化、无纸化方向发展。互联网让办公的地点不再受限，让数据文件云上共享，让会议可通过远程会议室进行；通过计算机、大数据等技术进行信息的快速处理和资源的优化配置；利用万物互联的优势可以搜寻更多的信息资源；利用设备、技术辅助决策，实现酒店后线办公的精细化管理。

（6）其他智能化

①智能员工管理

智能的员工管理与智能办公相配合，以酒店员工为目标对象实施管理，其范围涉及工作和生活的各个方面。一方面，员工的考勤、会议、培训皆可通过线上进行；其档案在云上集中管理、智能存取；与群体发展趋势相关的一些数据结论也能通过软件计算得出……智能的技术手段起到很好的辅助管理作用。另一方面，酒店智能化对后线服务区域员工的专业化素养提出了更高要求，酒店对员工的培养要紧跟趋势，将智能化的概念和意识贯穿在员工管理的全过程中，通过相关培训传授其必备技能，提高其智能化专业知识素养。

②智能的环境和设备

智能安防：以闭路控制系统、录像系统和入侵报警系统相结合的智能安防系统确保在突发事件发生前、发生时或发生后能及时应对，是保障酒店安全的重要手段。在无人化酒店中，人脸识别技术系统联网公安系统，通过人脸信息更加准确地判断酒店顾客身份，防止不法分子进入，是防患于未然的重要手段。

智能的设备系统：楼宇自控系统是酒店防灾控制智能化的重要表现。通过一个操作中心和分散在各个监测区域的监控设备，结合相应的网络设置，可以实现分布式控制、集成操作管理的系统工作模式①，监控范围涵盖后线区域各个机房、公共空间照明和楼、电梯等上千个监测点。监控中心可对任何一个点进行实时监控，意外发生时传感器接收讯号，系统自动报警，监控中心在收到讯息的第一时间做出反应，提高酒店自身的危险应对能力。

2.3.2 绿色生态化

绿色生态化是现代酒店发展的主要趋势之一。其中，后线服务区域的绿色生态化发展是酒店经济节能的重要途径。在绿色酒店的评定体系中，绿色的后线服务区域是重要的评价指标之一。在众多建筑类型中，酒店因其特定的功能需要和巨大的服务需求，能源损耗量和碳排放量相对较大。后线服务区域作为酒店服务的供给站和大后方，为保证酒店的正常运营，须一刻不停地运转，因此其能耗量不容小觑，加上后线服务区域员工数量众多，其绿色节能的意识和行为对酒店生态化的促进起着重要作用，因此后线服务区域在酒店的绿色生态化建设中居于首要地位。

后线服务区域的绿色生态化具体体现在：绿色的新能源、新材料，绿色的管理模式和绿色可循环系统。

1. 绿色的新能源、新材料

（1）绿色新能源

酒店的高能耗、大排放对环境产生了巨大压力。传统酒店的耗能主要来自市政电网和化石燃料，其利用效率不高，利用方式不甚合理。新能源、可再生能源的利用是酒店节能减排的重要措施。其中，分布式能源系统的应用是一个发展趋势。其通过冷、热、电三联供系统，消耗天然气，实现能源的梯级利用，提高了能源的利用效率②，还降低了污染物的排放。另外，将天然气与风能、太阳能等可再生能源结合，也是未来能源利用的一个方向。绿色的能源系统将实现酒店能源利用结构的优化，促进酒店能源利用方式的转型，推

① 赵艳．凤凰帝豪五星级酒店的智能化系统设计[D]．合肥：合肥工业大学，2006.

② 苏兵．酒店类建筑光伏—冷热电联供系统的优化与性能分析[D]．武汉：华中科技大学，2018.

动酒店经济与环境协调发展的进程。

(2) 绿色新材料

新型建筑材料分为保温隔热材料、高强水泥、绿色生态建材等，在具有良好性能的同时对环境更为友好。酒店后线服务区域多位于地下，其厨房的加工、洗消、垃圾处理等区域湿度较大，容易出现脏污，清理不到位易形成卫生死角。运用抗菌、耐脏、易清洗的材料则能有效避免这些问题，利于保持干净整洁的环境。纳米材料具有防污、自洁、去异味等功能，已开始逐渐应用于建筑材料当中，例如纳米涂料、纳米陶瓷和纳米玻璃等，均能很好地满足后线服务区域严格的卫生要求。

2. 绿色可循环系统

绿色生态不仅要降低人的行为对环境的不利影响，还追求资源的循环利用。生态可循环系统，是指把各个区域看作一个整体，通过合理的设计，增强物质在内部的动态循环利用，形成合理的资源利用流线。绿色可循环系统旨在使用新的清洁可替代的能源，以先进的绿色节能技术为手段，减少过程中产生的污染和废料，并对资源和物质进行充分利用，生态厨房系统、生态供暖系统和垃圾处理系统是其中的典型代表。

生态厨房系统采用现代的烹饪方式代替传统烹饪过程中复杂、浪费的生产方式，从源头上避免资源的浪费。当生产流程结束时，进行新一轮的回收再利用，可以在生产过程中有效地减少资源的浪费。生态供暖系统合理利用循环介质间的热量交换，极大地减少了生产过程中损耗的能量。酒店的垃圾处理系统，可以科学地进行垃圾分类，对看似无用的垃圾进行更彻底的回收利用。

3. 绿色的管理模式

(1) 员工绿色意识的培养

后线员工是酒店绿色措施的重要执行者。在人力资源管理方面，酒店应注意对后线服务区域员工进行健康、环保意识方面的培训，定时开展一些绿色活动并进行大力宣传，以达到教育目的。要注意将绿色意识贯穿员工服务的全过程，并引导其在长期坚持下养成良好的绿色节能习惯。

(2) 绿色规章制度的建立

如今许多酒店的后线服务区域缺乏可行的绿色管理条例，难以对员工的行为进行严格的规范和要求，这使得绿色理念的实行效果与预想相去甚远。除了明文规定绿色细则外，后线服务区域的管理部门可以考虑加大审查力度、实施奖励制度等措施，严格考核各个部门每个月的节能指标，对取得连续降耗成效的部门进行奖励，对降耗效果不佳的部门探究原因，对症下药。目前已有不少酒店在后线成立了“绿色节能工作组”，以保证后线节能工作的顺利运行。

2.3.3 小结

后线服务区域是酒店全面发展不可忽略的一环。把握好后线服务区域发展的趋势，将后线服务区域的设计提升到一定的高度，充分重视其良性发展，才能打造质量过硬的服务品牌。在整体趋势向好的背景下，后线服务区域与酒店前线的协同设计，合理规划，将对酒店运营成本的把控、效益的保障及后续的发展起到重要作用。科技变革、产品提质和管理增效也将促进酒店与消费者之间的良性互动，让后线服务区域在酒店的发展过程中形成更稳固的支持，成为更强劲的后盾。

2.4 社会重大疫情风险防控应急常态化

2020年初突如其来的疫情，对于酒店无疑是一次致命的打击。疫情防治不会一蹴而就，会有一个相对漫长的过程，因此，酒店经营中一定要做好预防工作，避免出现聚集感染的情况。隔离酒店是实施隔离的重要场所，主要可接受四类群体，包括为疫情服务的一线医护工作人员、需要隔离进行医学观察的人员、疑似患者以及确诊病例中未出现明显不适症状的患者。这四类群体应分别安置于不同酒店进行隔离。隔离酒店需要设置一定数量的客房来满足集中隔离的需求。为了应对疫情，隔离酒店需要做好空间隔离分区和酒店防疫措施。本节将探索酒店，尤其是后线服务区域的防疫隔离改造设计方法及建筑措施。

隔离酒店可采用“平疫结合”方式进行防疫隔离改造。“平疫结合”即酒店在平时正常运作，而处于疫情等特殊时期时，可以迅速开启防疫模式。“平疫结合”主要体现在两个方面：其一是平面空间划分使用气密门，平时开启，疫情期间关闭气密门设置分区；其二是采用智能的中央空调系统，平时可以用于室内的温度调节，疫情期间根据要求可以做到室内的正、负压调节。

2.4.1 酒店建筑分区与空间隔离设计

1. 空间分区

在疫情期间“隔离酒店”需要进行空间区域隔离划分，以防止交叉感染。疫情之下，一旦有客人感染，大规模客房会增加人员交叉感染的风险。所以应将酒店空间划分为若干个区域，每个区域应该具有独立的垂直交通体系及独立出入口，以降低交叉感染概率。对于单层客房规模较大的酒店，不宜以楼层为单位进行隔离，因为隔离任务量比较大且垂直交通不易组织。

（1）垂直划分方式

酒店应设置适当规模的客房作为隔离区。隔离区以垂直划分方式进行分区（图2.19），每个隔离区应单独设置垂直流线与专用出入口，减少不同隔离区域人员的相互接触。可以将很长的平面划分成几个区域，将其中某些部分作为隔离区。各个隔离分区之间设置气密门，不能相互穿行，缩减隔离区的面积，增强隔离效果；在平时使用时，各个分区之间不设阻拦，可以相互穿行。

（2）洁污分区

酒店的防疫分区可分为污染区（即隔离区）、洁净区（即安全区）、缓冲区（即洁净区去往隔离区之前的缓冲空间）（图2.20）。对于高度疑似人员隔离区，可在洁净区与隔离区之间设置缓冲区。缓冲区是洁净区和污染区的联系与过渡空间，可临时置入消毒、更换防护设备等功能，是确保分区安全的屏障。

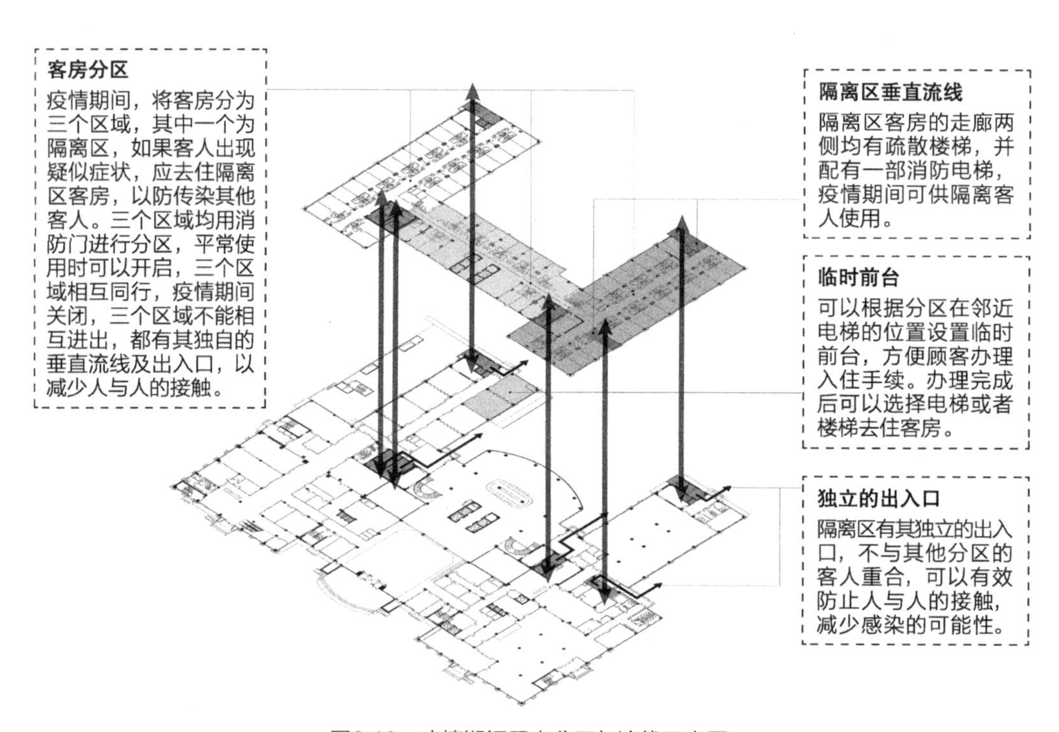

图2.19　疫情期间垂直分区与流线示意图

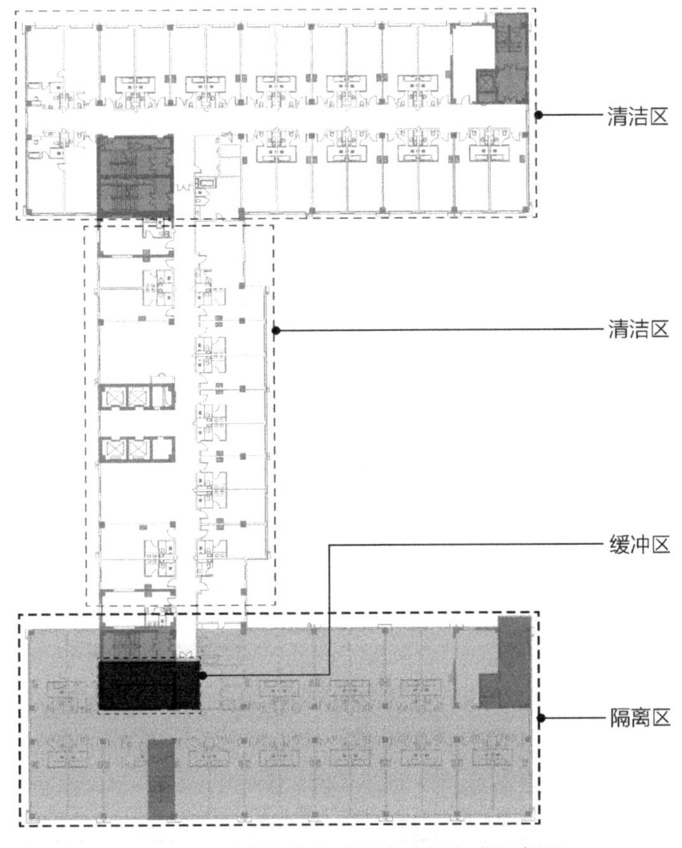

图2.20　疫情期间酒店隔离分区方式示意图

如图2.19所示，酒店客房分为三个区域，平时正常使用时，连接三个区域的气密门开启，不会影响各个区域的相互通行；如果遇到疫情，可以关闭气密门，使各个区域处于独立状态。各区域的防烟楼梯间及消防电梯可以作为独立的竖向交通。在疫情期间将三个分区中的一个设置为隔离区使用。

（3）空气隔绝

平疫结合的空调系统可以对隔离区域进行“空气隔绝”。“空气隔绝”通常有两种气压方式，即正压和负压。所谓正压，是指为了防止局部空气被污染，通过空调设备使房间内部的压强比外面大，使气流从内部流向外部，保证内部不被外部所污染；所谓负压，是指通过空调设施使房间内压强比外面小，使气流从外部流向内部，保障外部不被内部所污染。为了防止隔离区空气流向外部，隔离区内部应为负压；为了防止污染，清洁区应保持正压。隔离区空调系统采用平疫结合的智能中央空调系统。平时正常使用，疫情期间隔离区可以迅速启用新的空调模式，及时响应抗疫的需求变化，智能调节空调参数，实现正负压通风的灵活转换。

2. 流线

酒店应按照“各自独立，完全分开”的原则来组织不同区域交通流线，清洁区与隔离区分别设置专用楼梯、电梯及出入口，二者空间完全分隔，不产生空气流通。

在图2.19案例中，客房分为三个区域，其中有两个区域是洁净区，为正常使用的客房分区，共用同一个楼、电梯出入口，这样可以避免无症状病毒携带者的病毒传播。隔离区设置独立对外的交通流线。在隔离区入口处设临时前台。客人来酒店前，可以根据预定时的提示信息去往不同分区的前台，尽量减少不同群体客流间的交叉，从而减少感染的可能性。

在流线设计中，隔离客人通过独立的通道进入隔离区；而工作人员应从洁净区通过缓冲区更换防护服后再进入隔离区（图2.21）。

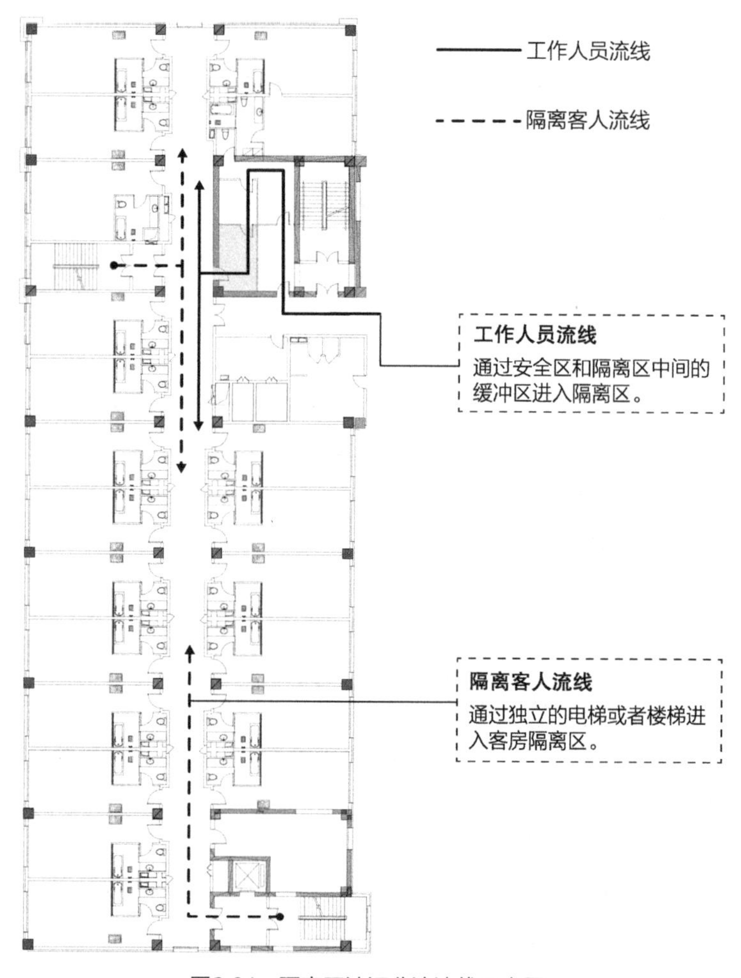

图2.21 隔离区洁污分流流线示意图

服务人员进入高度疑似人员隔离区，须经过缓冲区。缓冲区流线如图2.22所示。服务人员由洁净区进入隔离区，须通过隔离门，进入更衣区。更衣区的功能有洗手消毒、更换工作防护装备等，如果疫情严重，还会增设更换防护服的房间，再进入缓冲室。通过缓冲室后，进入隔离区开始服务。需要注意的是，缓冲区的两个门是不能同时开启的，有必要设置智能化门禁系统，使两侧门不能同时打开。只有通过一系列的保护措施，才能保护工作人员的安全，使工作人员更放心地服务客人。

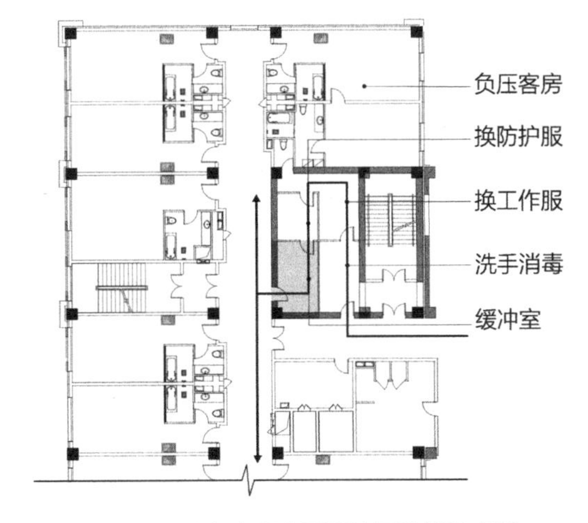

图2.22　服务人员专用缓冲区流线示意图

2.4.2　酒店建筑防疫措施

1. 公共区域

(1) 入口

酒店主入口有较多人员进出，疫情期间要对主入口进行有效的管控。大部分酒店的建筑主入口可以直接通往餐厅或者宴会厅等区域，各个区域之间如果不进行隔离，存在一定感染隐患。疫情之下，各个区域应进行有效隔离，尽量关闭餐厅、宴会厅、会议室等区域。各区域分别设置独立出入口，使其在进出流线上不产生交叉重叠（图2.23）。这种流

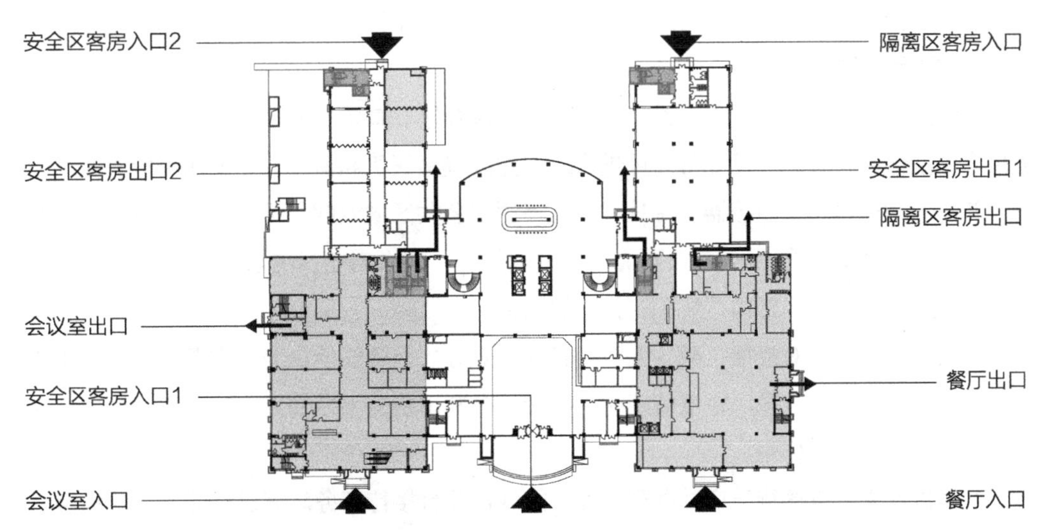

图2.23　各区域独立出入口

线布置对疫情防控有明显作用，但需投入较多人力完成。

疫情期间，酒店入口处需要对进出人员进行严格消毒，同时还需要定期对门把手、挡帘等人员密集接触的部位进行消毒。酒店入口可采用自动门，既方便人员进出，也能够避免因接触带来的交叉感染，在有管理需求时，还可以选择刷卡开启的形式。

公共区域洗手间应配置洗手液、消毒液、擦手纸。对客用区域的电梯间按钮、马桶按钮、坐便器、门把手每隔1小时消毒一次。对公共设施进行定期消毒，地面、桌椅、电梯间等表面用消毒液进行喷雾或擦拭消毒。建议在酒店大堂放置废弃口罩收集点，以便统一进行消毒、运送处理，避免交叉感染。

（2）电梯

门厅、电梯厅、走道没有空调系统时，应尽量采用自然通风方式通风换气。轿厢内应采取有效措施确保电梯的通风：安装有通风风扇的电梯，应当保持通风风扇长期开启；轿厢内没有安装通风风扇的电梯，每隔2小时应消毒一次，同时打开轿厢门进行通风换气，每次通风换气时间不少于5分钟。

（3）卫生间

公共卫生间应尽可能采用自然通风方式进行通风换气，否则必须采用机械通风措施。公共卫生间卫生器具应尽量采用非手动开关。对于采用手动开关的卫生器具，条件许可时可进行更换或改造。洗手盆可改造为肘动开关、蹲便器可改造为膝动或脚动（踏）开关。

应逐一排查并确认卫生器具排水是否有水封，检查洗手盆（台面）下部排水管、挂式小便器下部排水管、上层卫生间蹲便器排水管（通常在吊顶内）、上层立式小便器排水管、拖布池排水管、空调凝结水排水管等水封状况，对于没有水封或水封不完整的、有漏水现象的应做登记，并更换为带有完整水封的排水管或将排水器具封闭，漏水的应及时修理。

2. 前台区域

大堂入口设置体温测量处，设红外测温仪、医药箱、口罩、酒精等消毒用品，对所有进出客人量体温、登记，无异常才可进入。大堂放置臭氧机和消毒灯，定期消毒。

礼宾部和前台均设温控器，每日三次汇报酒店公共区域温度、湿度；前台设红外测温仪和免洗消毒液，温馨提示客人勤洗手，测量体温。前台对于所有客人第一时间登记报备，信息共享给各营运部门，统一安排楼层入住。

酒店智能化是应对疫情、减少人员接触的有效方法。智能前台为顾客提供自助入住的渠道，省去了烦琐的步骤。在疫情期间，智能前台利用机器人做到无接触服务，对防控疫情起到了十分重要的作用。

礼宾机器人可以接待访客并办理业务，能胜任前台接待任务。其通过语音、动作等多种感官与客人进行交互，模拟人与人之间的沟通方式来解决客人的基本问题。客人还可以利用入住自助机自行办理入住及退房手续，减少人员接触。

利用客房送物机器人可以做到全程服务无接触。客人办理完入住手续后，输入房间号等信息，机器人就可以带领客人前往，同时，机器人与电梯互联，利用互联网自主呼叫电梯停靠及选择客房所在楼层，客人全程不需要接触电梯按钮以减少触碰的可能。机器人也可以把物品如快递、外卖、客房小件等送至客房门口后，利用客房座机通知客人开门取物，实现全程无接触服务。

3. 客房区域

（1）中庭天井

有些酒店客房区域会设置中庭天井，有利于增强建筑内的空气流动，为室内带来采光通风。但是面对疫情，尤其是病毒存在气溶胶传播途径时，内天井不利于楼层与楼层之间的隔离。虽然有些酒店在消防设计上有卷帘门，但是长时间隔离时居住的舒适性较差。所以带有内天井的酒店不建议当作隔离酒店使用。

（2）客房

客房员工每日进入房间整理清洁前先开窗通风半小时，并密切关注在住房客居住情况。房间的客用品确保一客一换，卫生间马桶、地板及杯具消毒要严格执行，房间被褥进行高温烘干。

（3）中央空调

中国疾病预防控制中心环境所的研究表明，中央空调是否需要关闭，与空调系统类型有关。

①带有回风的集中空调，其室内空气循环利用，有一定交叉感染的风险。这类空调常用于商场、机场、候车厅、工厂厂房及医院门急诊大厅等空间较大的场所。由于这些空间人数较多，健康者与患者混杂，回风系统存在扩散污染的可能，使得交叉感染风险提高，应在疫情期间酌情关闭，可以采用分体式空调。

②没有回风的其他空调不会造成大面积交叉感染，如风机盘管空调和多联机空调，在彻底清洁、消毒，保证安全的情况下可以使用。酒店、病房及大部分写字楼、办公楼使用的大多是风机盘管空调；多联机空调通常用于小空间，让每个房间的空气均在本房间内循环，与其他房间无关，不会造成“一人得病，全楼感染”的情况。

4. 后线服务区域

（1）酒店员工

员工去往工作岗位的路线应进行分流，不同种类的员工应尽量减少在前往工作岗位途中的接触。接待人员的流线应尽量避免和旅客的流线重合，有条件的情况下应单独设置接待人员的上岗路线，使接待人员直接到达工作地点。

（2）厨房及员工餐饮

食堂和餐厅宜采用自然通风方式。就餐空间（含小餐厅）应设置相对独立的洗手池、消毒设施。应采取防蝇鼠虫鸟及防尘、防潮等技术措施或装置设施。应单独设置专用房间存放卫生清洁器具。

员工餐厅的售餐窗口与热加工区域之间应采取局部隔断措施（例如透明板等），或者将餐厅内人员与厨房加工人员活动区域适当隔开，隔离高度应大于1.8m。

员工餐厅一般在地下，如果采用了多台立柜式分体空调或多联机空调（无新风系统及无排风系统），一旦发现有确诊病例或疑似病例，应立即停止立柜式分体空调或多联机空调系统的运行。如果没有条件开启外窗，应停止使用该区域并进行消毒处理；如果有条件，应同时开启外窗，进行自然通风，保持室内空气新鲜，防止交叉感染。此外，对于餐厅中没有设置机械通风措施或没有可开启外窗的小包间，若无法改造，则应停止使用。

（3）污物间

酒店的垃圾房应保持环境卫生，客房及公共区域应设有分类垃圾桶。垃圾要分别收集、包装、封闭后，做好标识及时运送，垃圾袋不得有破损。污物间排风系统应全部投入运行，确保区域内的空气压差为负压。对于垃圾桶应定期进行清洁与消毒。垃圾运往污物间的路线应尽量缩短。疫情期间设置废弃口罩专用收集器，及时对废弃口罩进行消毒；疑似和确诊患者的生活垃圾应严格按照医疗垃圾进行收集和处理，对医疗废物的包装、贮存和运输的全过程进行严格管理。

本章小结

本章对西方和我国城市酒店后线服务区域的发展历史做了归纳梳理，总结了我国城市酒店后线服务区域设计的现状及现存问题，对后线服务区域发展趋势进行了展望，以宏观视角对后线服务区域做了整体阐述。

通过对酒店后线服务区域演进过程的叙述可以看到：酒店后线的建筑功能随着酒店服务内容而改变，随着社会生产力以及科学技术的提高而日趋复杂化，并在各个时期与人们的生产、生活方式密切相关。其智能化、绿色生态化的发展趋势让人意识到，在后线服务区域设计中要不断把握行业新动向，不断自我优化，随着酒店的发展与时俱进。同时，我们要时刻警惕社会重大疫情风险的发生，将防控应急措施落实到酒店后线设计中，最大程度地降低疫情等重大风险对酒店的冲击，防患于未然。

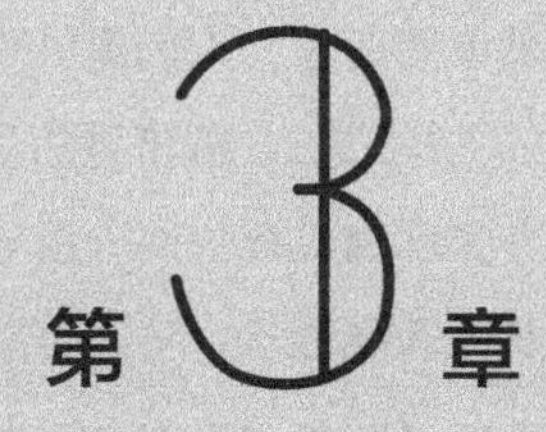

城市酒店后线服务系统

城市酒店在为人们提供高品质住宿时，酒店后线服务系统设计的优劣是决定酒店质量高低的关键之一。城市酒店后线服务系统由服务对象（旅客）、服务提供者（酒店员工）及服务实现的过程三部分组成。在本章中，将通过旅客和员工的行为和心理因素，以及服务的具体表现形式，将宾馆服务系统分为前台服务子系统、餐饮服务子系统、客房服务子系统和会议娱乐服务子系统四种，并把服务系统流线分为客人流线、员工流线、物品流线三种。本章主要阐述了后线服务系统的组成及其智能化的趋势。

3.1 酒店的顾客群体

通过全面了解酒店的顾客群体即服务对象，可以更好地提升酒店品质。本节从酒店客人的类型、客人的活动以及客人的心理需要三个方面分析服务对象需求，提升酒店后线服务区域的服务质量和酒店品质。

3.1.1 酒店客人的类型

城市大中型酒店的客人大致有三种，分别为住宿客人、宴会客人及外来客人。目前大中型酒店的客人出入口大多设置三个：主出入口、团体入口、宴会入口（图3.1）。

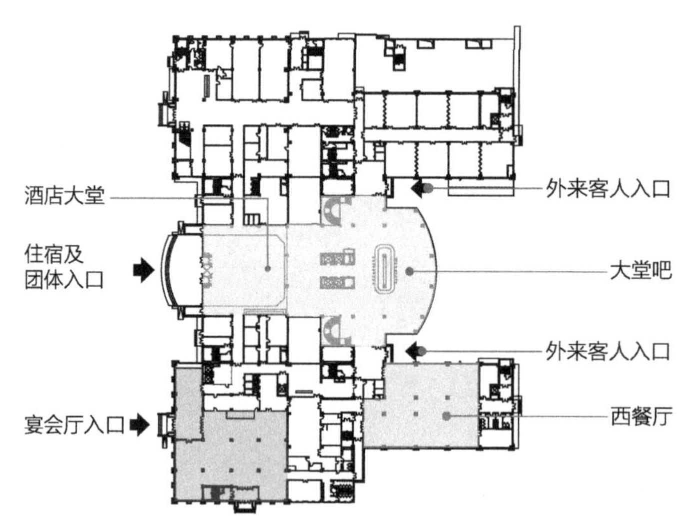

图3.1 客人类型—功能分区—出入口分析图

1. 住宿客人

酒店客人的主要组成部分是住宿客人，住宿客人在酒店中的活动包括进入、登记、住宿、进餐、娱乐、商务活动等。住宿客人又分为散住旅客及团体旅客。一般为团体旅客单设团体入口，方便大量旅客同时到达。

2. 宴会客人

现代的大型城市酒店普遍设置较大的宴会厅、会议厅。此类设施向社会开放，并且会在某些时段出现人流高峰。为避免大量宴会客人的进出对住宿客人产生影响，应单独设置宴会客人出入口及门厅。

3. 外来客人

现代酒店普遍对市民开放，一些餐饮、咖啡厅等公共活动区域均对外开放，既满足一部分社会需求，也对酒店的收益有所帮助，在设计时也需重视这部分客人的流线与活动。此类客人应与住宿客人一样从主入口出入。

3.1.2 酒店客人的活动

丹麦的扬·盖尔在其关于城市设计的名著《交往与空间》中将人们在户外公共空间中的活动归为三种类型：必要性活动、自发性活动和社会性活动。[①]在此引用扬·盖尔的分类方法，将客人在酒店公共空间的活动也分为这三种类型（图3.2），并分析客人的活动心理。

1. 客人的必要性活动

此种类型的活动在各种条件下都会发生，换句话说就是人们在不同程度上都要参与的活动。酒店客人的必要性活动包括搬运行李、进出大堂、入住登记、问询、在客房住宿、退房结账等。这类活动是必要的，其发生受物质构成的影响很小，客人一般没有选择的余地。

2. 客人的自发性活动

此类活动只有在适宜的环境中才会发生，即人们的参与愿望、时间、地点及环境都具备的条件下才会发生。酒店客人的自发性活动包括在餐厅进餐、休闲赏景、处理公务、约会客人等。只要公共空间的环境宜人，人们就会有逗留的意愿，自发性活动随之产生。

3. 客人的社会性活动

社会性活动有赖于他人的参与，具体包括客人互相打招呼交谈、儿童之间游戏、商务活动。被动式接触是最广泛的社会性活动，通过视听等感官来感受他人。这类活动一般由前两种活动延伸而来，又称为连锁性活动。

---

① 扬·盖尔. 交往与空间[M]. 何人可，译. 北京：中国建筑工业出版社，2002：13.

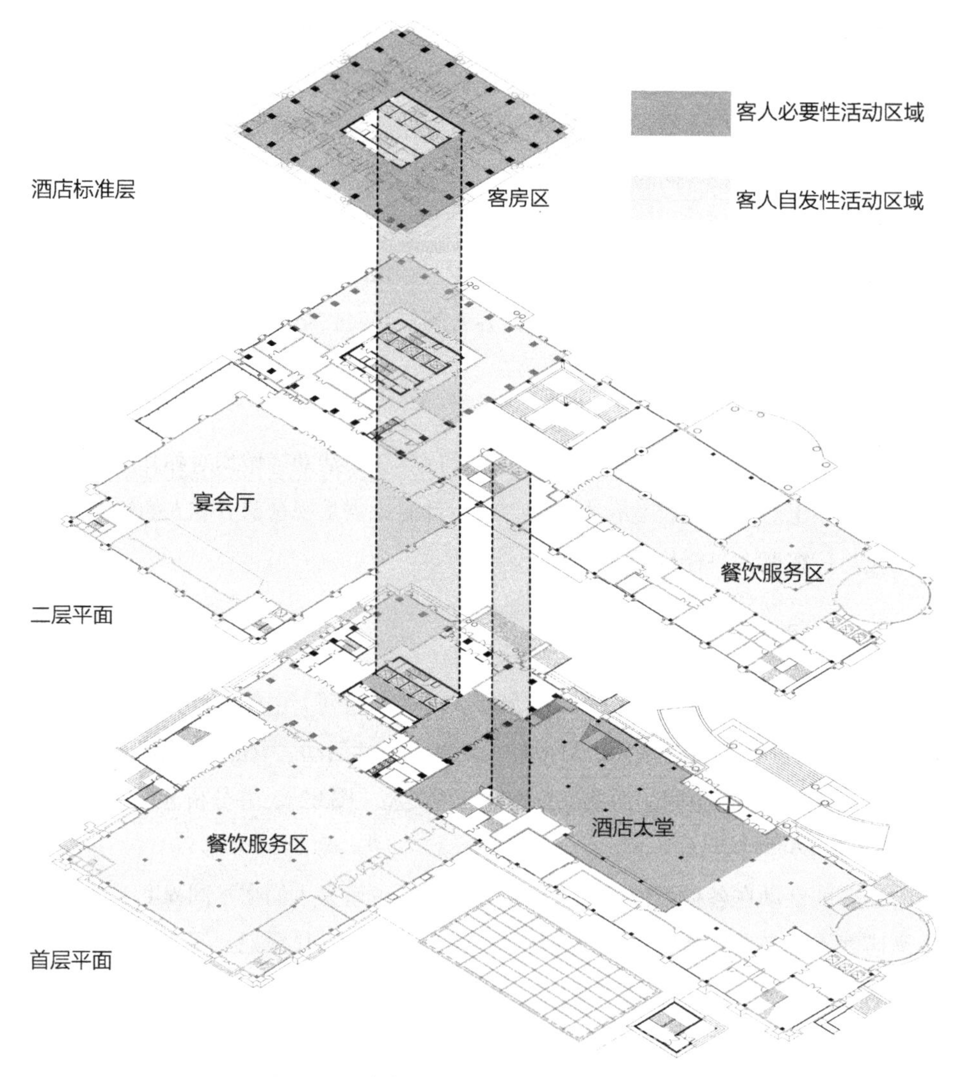

图3.2　酒店客人活动类型及区域分布示意图

酒店客人的必要性活动、自发性活动和社会性活动的发生是交织在一起的，考察酒店中的活动，不应从单独的、有限的活动范畴着手，而应着眼于整个系列活动的共同作用。表3.1为空间环境质量与其中活动发生的相关模式，当户外环境质量好时，自发性活动的频率增加。与此同时，随着自发性活动频率的提高，社会性活动的频率也会稳定增长。①

① 龚欣．现代城市旅馆的功能空间关系研究[D]．北京：北京工业大学，2003.

公共空间的质量与旅客活动的关系　　表3.1

	空间环境的质量	
	差	好
必要性活动		
自发性活动		
社会性活动		

来源：龚欣．现代城市旅馆的功能空间关系研究[D].北京：北京工业大学，2003：33.

3.1.3　酒店客人的心理需要

马斯洛在人的需要的层级论里将人类的需要分为五个层级：

①生理需要，如饥、渴、寒、暖等；

②安全需要，如安全感、私密性、领域性等；

③情感和归属的需要，如情感、归属某组织、家庭、亲友等；

④尊重需要，如威信、自尊、被尊重等；

⑤自我实现的需要，还包括求知和审美需要。

按此方法，经过调研分析，可将客人对酒店的心理需求进行如下分级：

①安全。包括客人人身、财产的安全及心理上的安全感、稳定感。

②清洁。酒店内的环境设施、物品、食品等要保持清洁卫生。

③便捷。既包括交通方便，也包括酒店内各种服务设施的使用方便。

④安静。要求酒店为客人休息以及其他活动提供安静的环境。

⑤尊重。既包括服务上对客人人格的尊重，也包括酒店环境及设施尊重客人的身心需求以及风俗习惯等。

⑥交往的需要。酒店聚集着来自不同国家地区、不同民族和不同文化背景的各类客人，非常有利于人们的交往，因此也需要酒店为客人提供一个较好的社交场所。

⑦求新寻异。住宿酒店的客人，不仅在旅途中追求新奇的体验，在酒店中也不例外。

⑧美的追求。优美的建筑、酒店环境、内部设施都可以让客人有美的享受。

为根据以上客人的三种活动类型和八种心理需求所制定出的酒店设计需求见表3.2。

客人心理需要与酒店设计的关系　　表3.2

心理需要	酒店设计需求
安全	客房相对隐蔽，智能门锁，有监控设施，保证安全疏散
清洁	24小时清洁服务，必要或更好的卫生设备
便捷	功能空间使用方便，流线便捷，客房具有完备的设施，周到及时的服务
安静	建筑隔声，动静功能空间的分区
尊重	隐私的保护
交往的需要	通信设施完备，理想的共享空间
求新寻异	酒店室内外设计要具有特色
美的追求	建筑空间布局、房间布置、装修及设施选择有品位

3.2 酒店的员工群体

为了保证酒店的正常运转与服务质量，每天都有大量的酒店工作人员在不同的后线服务区域工作。本节将通过员工的类型、员工的活动及员工的心理需求来了解员工的工作状态和流程。通过了解员工的需求，可有效提升员工生活与工作环境的质量，从而提升酒店的服务品质。

3.2.1 员工的类型

按照是否与客人直接接触的标准，将酒店员工分为与客人直接接触的一线员工与不直接接触的二线员工（表3.3）。

酒店一线员工与二线员工分类及工作内容　　表3.3

分类		工作内容
一线员工	门卫	在酒店门口负责迎送客人，一般负责为客人叫车、为客人照料行李，并负责大门的警卫任务
	行李搬运员	在酒店门口负责为客人搬运并照看行李的服务员。现代酒店中也负责接待旅客，将客人引导至客房

续表

分类		工作内容
一线员工	前台服务员	在酒店大堂总服务台工作，负责问询、入住、退房结账等服务的工作人员
	前台出纳员	在总服务台工作，负责出纳、结账及外币兑换等财务工作的服务员
	衣帽间服务员	宴会厅、前厅衣帽间的服务员，负责保管客人衣帽、物品等
	客房服务员	负责客房的清洁整理工作，补充客房内消耗物，满足客房客人的服务需求如洗衣、提供物品等
	餐厅工作人员	餐厅领班负责协调管理客人的餐饮服务；餐厅服务员负责点餐、送菜等服务；引座员负责引导客人
	酒吧、咖啡厅服务员	酒吧及咖啡厅的服务员负责酒吧、咖啡厅的专门服务，素质较高，能提供较高层次的服务
二线员工	客房部员工	客房部员工清洁、整理客房时一般不与客人直接接触。有时因处理的客人要求较多，需直接接触客人，因此一般也可称为一线员工
	厨房员工	厨房内的员工分工较细，从粗细加工到烹饪，以及各种点心的制作都有专门的员工，厨师长是厨房工作的总负责人，对厨房内的各项工作进行总体把握
	库房管理员	分类储存各类物品，并对库房进行管理
	洗衣房工作人员	对酒店内各部门所需清洗的布件及职工制服进行分类、清洗和保管
	供应部员工	负责酒店所需各类物品如食品、备品、易耗品等的订购及供应
	职工食堂员工	职工食堂一般单独运行，其员工与客人厨房、餐厅的工作人员分开管理
	工程部员工	工程技术人员负责酒店电气、水暖、空调及通信设施等方面的设备维护工作
	维修人员	维修人员工种很多，如油漆工、家具维修技工、电视机与电信技工、室内装饰工等，负责对酒店各部分进行修缮维护
	总经理、各部门经理	负责酒店总体运营及各部门工作的管理工作，并对各部门的工作进行监督

员工的数量与客房的比例关系如表3.4所示。酒店的员工主要分布在餐饮部、客房部及其他部门；其中餐饮部员工数量最多，约占总员工数量的40%～50%，客房部员工占25%～30%，其他部门总共占30%左右[①]。

① 唐玉恩，张皆正．酒店建筑设计[M]．北京：中国建筑工业出版社，1993：251．

职工数量与客房比例　　表3.4

酒店类型	职工平均数量（人/间）
五星级以上酒店	2.0 ~ 4.0
五星级酒店	1.2 ~ 1.6
四星级酒店	0.8 ~ 1.0
会议型酒店	1.0 ~ 1.2
公寓式酒店	0.3 ~ 0.5
小型旅馆	0.1 ~ 0.25

来源：中国建筑工业出版社，中国建筑学会．建筑设计资料集（第三版） 第5分册 休闲娱乐·餐饮·旅馆·商业[M]．北京：中国建筑工业出版社，2017：103.

3.2.2 员工的活动

与酒店客人的活动类型一样，员工的活动也分为三种类型：必要性活动、自发性活动和社会性活动。

员工的必要性活动包括进入酒店、打卡考勤、更衣、进入各自的工作岗位进行工作。这些活动是不以员工的喜好和周围的环境而改变的，是员工工作内容的必要组成部分。

员工的自发性活动包括在员工食堂进餐、在员工宿舍休息、参与员工活动等。这些活动与员工的喜好及所在的物质环境相关。此部分活动多集中在员工生活区内发生。

员工的社会性活动是在前两种活动进行的同时发生的，一般包括跟同事打招呼、交谈及被动式视听。

3.2.3 员工的心理需要

员工心理需要与酒店设计的关系见表3.5。

员工心理需要与酒店设计关系　　表3.5

心理需要	酒店设计需求
安全	公共区、客房区与后线区分区设置，保证各自的安全性
隐私	保证员工的私密性及特殊后线服务区域的私密性
方便	服务流线通畅便捷，员工提供的服务能够很好地传递
卫生	卫生设施良好，要求严格，员工提供24小时卫生服务

续表

心理需要	酒店设计需求
尊重	员工提供服务过程中尊重客人，客人尊重员工及其劳动
安静	动静分区，注意某些振动噪声较大的功能用房的设置位置
交往	为员工提供较好的交往场所
优美	有美好的工作环境及职业前景
归属感	良好的工作氛围，激发员工对岗位的归属感

从使用者的角度将酒店分为客人活动的前线区域和员工工作的后线服务区域。客人大多数情况在前线区域活动，而酒店的员工有的在这两个区域间来回活动，也有的员工只在后线服务区域活动。客人进入酒店以后，其活动行为有多种类型，酒店员工为客人的活动提供各种服务。表3.6及图3.3揭示了客人在前线区域、员工在相关后线服务区域的行为情况，并分析了客人与员工活动交叉的区域。需要注意的是图表中所提及的客人活动仅为必要性活动。

酒店客人活动与员工服务分析 表3.6

酒店区域 / 入住客人的行为	前线区域	两个区域兼顾	后线服务区域
预订房间	无	前台经理	预定部门工作人员
进入酒店	门卫、服务员	无	无
行李进入房间	行李搬运员	无	行李搬运员
办理登记	总台服务员	前台经理	预定部门工作人员
入住后客房整理	客房服务员	客房监督员	客房主管
客房餐饮服务	客房服务员	餐饮部门管理者	厨房员工
发现器具损坏	维修人员	维修监督员	维修部门主管
在餐厅用餐	餐厅服务员	餐厅领班、餐厅服务员	厨房员工、厨师长
退房	总台服务员	前台经理	预定部门工作人员
付账离开	总台出纳员	财务部门经理	会计人员

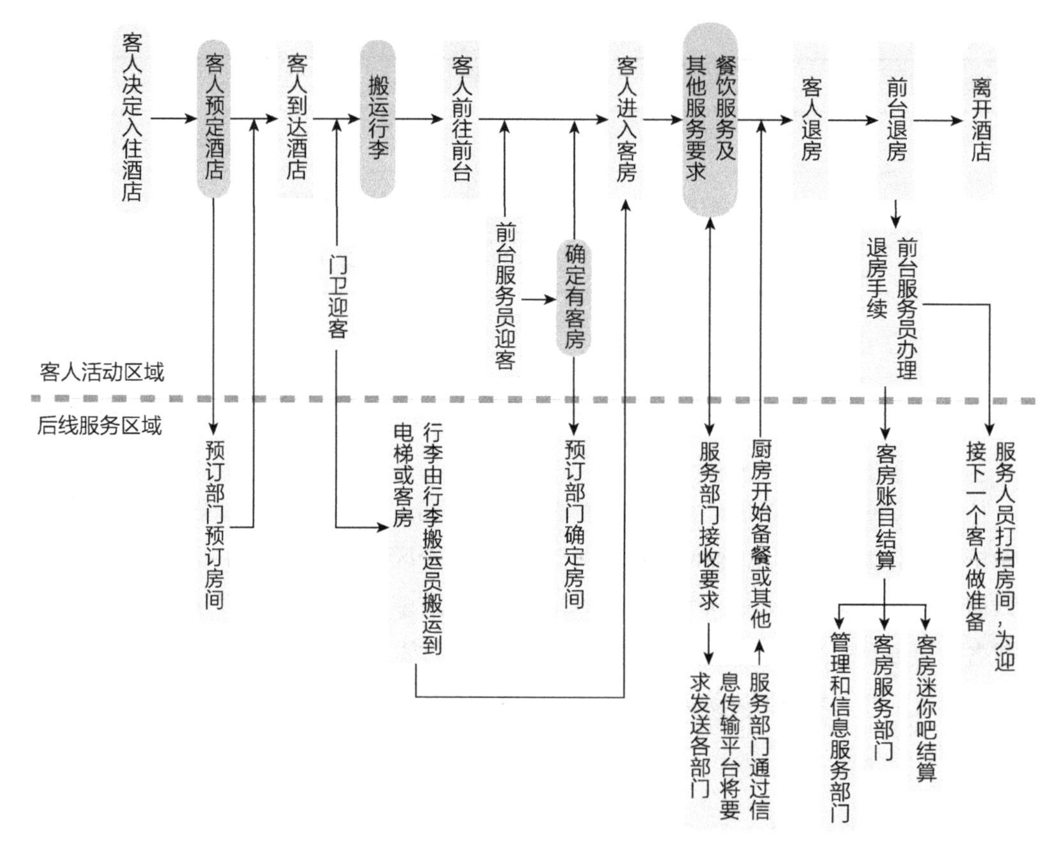

图3.3　酒店客人与员工互动行为流程图

3.3 后线服务系统及其智能化

酒店的系统组成类别很多，除了酒店的服务系统之外，还有供电系统、供水系统、空调系统、信息管理系统等，内容庞杂。其中酒店的后线服务系统是其中的关键组成部分，本节采用系统理论来揭示酒店后线服务系统的组成内容及其运行的规律和特点。

3.3.1 系统论的基本理论

系统论的基本方法是把研究和处理的对象当作一个系统，分析其结构和功能，研究系统、要素、环境三者之间的相互关系和变动的规律性，并运用系统观点看问题。世界上任何事物都是一个系统的整体，系统是普遍存在的。[①]系统的基本特性有：

1. 整体性

整体性体现的是系统中局部与全局、要素与整体的关系。一个整体的系统都有明确的目标，如酒店这个整体系统的目标就是服务好客人，合理利用酒店的资源成本，实现经济效益的最大化。为达到这个总目标，各个阶段、各个部分之间又有各自的目标和任务。

2. 相关性

相关性主要反映系统内部各要素之间的联系，一个系统是由各个要素组成的，各要素之间的相互作用决定了系统内部的结构和联系，从而决定了系统的本质。系统内各要素相互关联，任何一个要素的存在与运行都与系统中其他要素有着千丝万缕的联系。

3. 秩序性

一个系统内部有诸多的组成要素，这些要素之间有着一定的组合秩序及因果关系。如果使用不当，缺乏秩序性，就会造成内部结构混乱，不能使其发挥出应有的功能。

运用系统论不仅是认识系统的特点和规律，更重要的在于利用这些特点和规律去控制和管理系统，使它的存在与发展合乎人的目的需要。也就是说，运用系统论在于调整系统结构和各要素关系，使系统达到优化。

3.3.2 酒店的服务系统

酒店总服务系统由四个服务子系统组成，分别是前台服务子系统、餐饮服务子系统、客房服务子系统以及会议娱乐服务子系统（图3.4）。各个系统之间相互作用，联系紧密，但服务的中心都是顾客，充分体现了现代酒店以人为本的服务理念。四个服务系统相对独立，但同时互相辅助和影响，以客人为中心，充分体现着后线服务区域的服务属性。因为酒店的核心服务还是提供住宿，因此将客房服务系统放在总服务系统的中心位置。

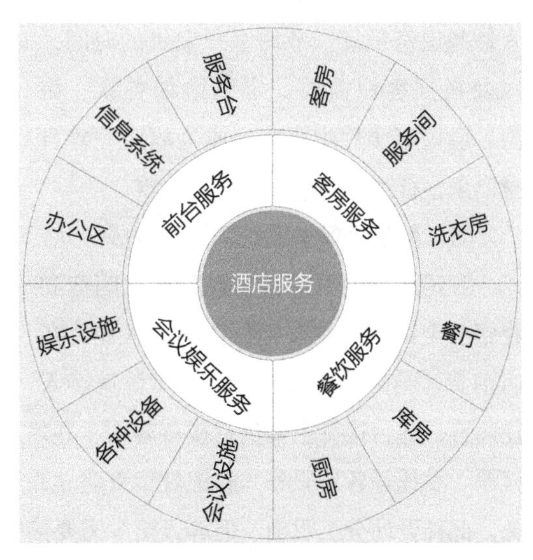

图3.4 酒店的服务系统

① 霍绍周．系统论[M]．北京：科学技术文献出版社．1988.

在现代酒店设计中，酒店的智能化是主要趋势之一。酒店服务系统智能化是指整合现代计算机技术、通信技术、控制技术等，为顾客提供优质服务，降低人力与能耗成本，通过智能化设施，提高服务信息化程度，营造以人为本的环境，形成投资合理、安全节能、高效舒适的新一代酒店[①]。智能酒店提供智能服务。与传统酒店相比，智能服务的方式有很大不同，致力于通过科技创新，在提升酒店管理和运营效率的同时，为客户提供优质的服务体验。

智能化酒店后线服务系统中，智能化总控中心是后线服务信息传递的关键。服务器通过中央交换机与前台、客房部、楼层、工程部、保安部等部门的客户管理计算机连接，通过快速的信息交换和数据处理，将客户的实时状态或需求信息及时反映到各部门，实现远程智能照明控制、空调、服务信息、安全信息等状态的控制与显示，提高服务质量，提升工作效率，节能降耗，从而降低酒店运营成本，达到科学管理的目的，提高酒店的经济效益。

1. 前台服务子系统

前台服务作为大多数客人进入酒店获得的第一项服务，往往是客人对酒店品牌服务产生第一印象的重要途径（图3.5）。作为服务方，酒店能否协助客人及时开启并顺利完成一段住房体验，能否随时提供入住与退房信息，节约客户宝贵的时间，以及根据客户需要，定制诸如餐饮、旅游、会议等个性化服务，成为酒店完善自身形象，打造企业品牌的重要标准。

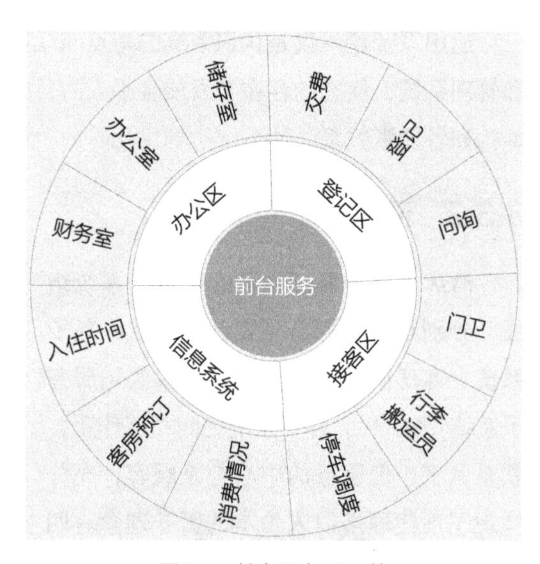

图3.5　前台服务子系统

（1）前台服务子系统功能及构成

我国早期的酒店前台设接待、问询和收银三个岗位，并分别负责宾客入住、在店消费、结账的工作（图3.6）。就宾客入住而言，前台接待主要负责接待客人、办理入住、分配房间。问询处负责提供客房钥匙、订票、委托等各项服务。收银处负责建立并管理客人账户、收取押金、外币兑换等财务服务。此种设计分工明确，但客人至少需要接触三个工作人员以办理入住手续，需要消耗的时间较长。

① 中华人民共和国国家旅游局．饭店智能化建设与服务指南：LB/T 020—2013[S]．2013.

此种前台服务系统所需员工数量较多，服务台面积较大。同时三个岗位属于两大不同部门，相互之间协调不便。若某一岗位顾客较多，其他岗位员工无法增援。因此越来越不适应现代酒店顾客至上的服务理念，逐渐被新的前台服务体系所取代。

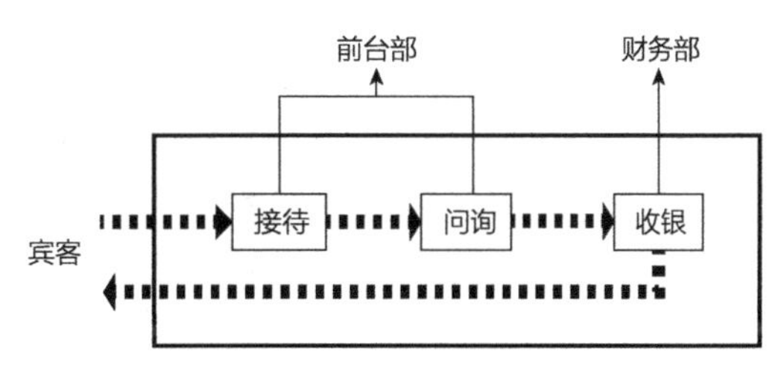

图3.6　早期前台服务流程

目前，酒店普遍采用一站式前台服务系统。此种服务系统将原来的三个岗位合并，前台的工作人员经过培训后，具有多种能力，能一站式满足客人在入住过程中及退房结账过程中的所有服务（图3.7），减少了沟通中可能产生的问题。此种服务方式下，客人办理入住的时间缩为3分钟，办理结账时间只需1~2分钟，大大方便了顾客。现在的前台服务流线如图3.8所示，该服务系统从满足顾客的需求出发，最大程度地提高工作效率，节约时间成本。同时所需员工数量减少，节约酒店的劳务成本。

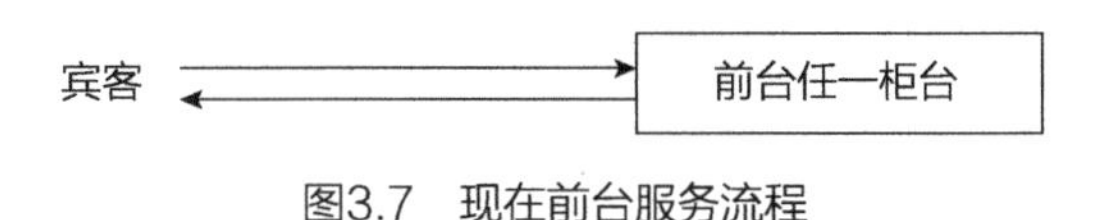

图3.7　现在前台服务流程

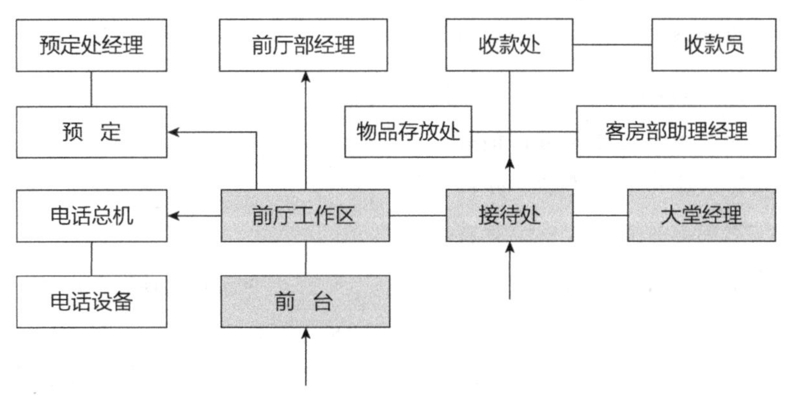

图3.8　前台服务系统流线图

（2）前台服务子系统智能化

前台服务子系统智能化是发展主要趋势之一。在前台智能服务系统中，前台联系线上平台与线下终端，实现了客户交易信息实时同步。客户可在移动端、电脑端或是酒店前台自助服务机完成预定，完成身份验证后就能获得房卡，实现极速入住体验；退房时只需将房卡插入智能终端机即可完成退房手续。24小时的智能终端自助服务，全程无需人工，是酒店效益提升、客户体验优化的共赢之举。

菲住酒店联盟（阿里巴巴旗下集团酒店）研发了自助入住机进行前台智能化服务升级。该系统的智能性体现在酒店经营管理系统（Property Management System，PMS）协助酒店进行业务管理并控制在较短时间内，顾客可以通过五步简易操作实现智能化入住：提交身份信息—人脸识别认证—关联订单并同意酒店入住条款—在线选房—成功取房卡。

在自助入住的过程中，人脸识别技术是保证顾客快速通行的关键。活动的人脸ID因其唯一性与特征性成为用户身份鉴别的最佳选择。人脸识别系统与公安信息平台形成稳定对接，在人脸识别完成后，脸部信息立即上传公安网站，自动进行匹配和验证。因此人脸识别技术与互联网结合进行身份验证能极大地保障酒店入住的安全。在优化住房体验方面，人脸取代了身份证、房卡等通行凭证，住户可以实现在场景中畅通无阻的智能体验。

2. 餐饮服务子系统（图3.9）

（1）餐饮服务子系统功能及构成

传统的餐厅服务员不仅要负责客人点餐，还负责将点菜单送至厨房，来回穿梭于餐厅和厨房之间，增加了客人的候餐时间。而且厨房主管每天要做大量的统计复核工作，经常出现结账高峰客人排队结账的现象。厨房对菜肴管理粗犷，不能对每种菜品进行独立的核算，所需原料的数量、库存量只能凭厨师长经验进行估算，可能出现原料短缺或过剩的现象。此种餐饮服务系统缺点很多，原因就是缺乏有效的信息传递系统（图3.10）。

图3.9 餐饮服务子系统

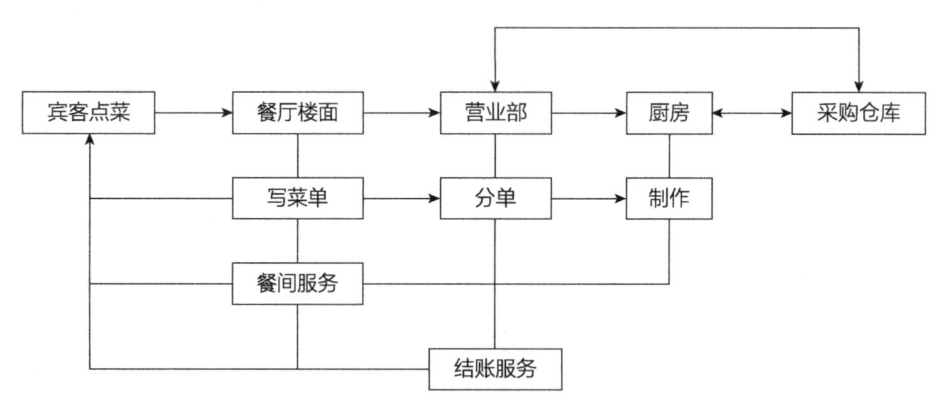

图3.10 传统餐饮服务流线图

现代酒店所实行的餐饮服务系统建立在现代化的信息传递系统之上，餐厅服务员将客人所点的菜品输入点菜器，点菜信息直接传送到厨房并自动打印，厨师据此进行菜品的制作。结账也是通过该信息系统，自动打印客人账单（图3.11）。根据系统数据，厨房主管可以凭借数据获得每天各种食材的消耗情况，根据库存剩余量制定以后的采购计划。新的餐饮服务系统对于厨房成本、效益的控制和管理服务水平的提升等都具有重要作用。总的餐饮服务系统及服务流线如图3.12及图3.13所示。

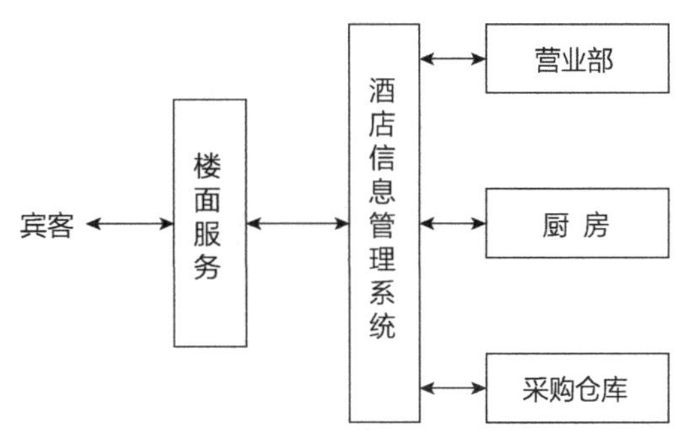

图3.11　现代餐饮服务系统流线图

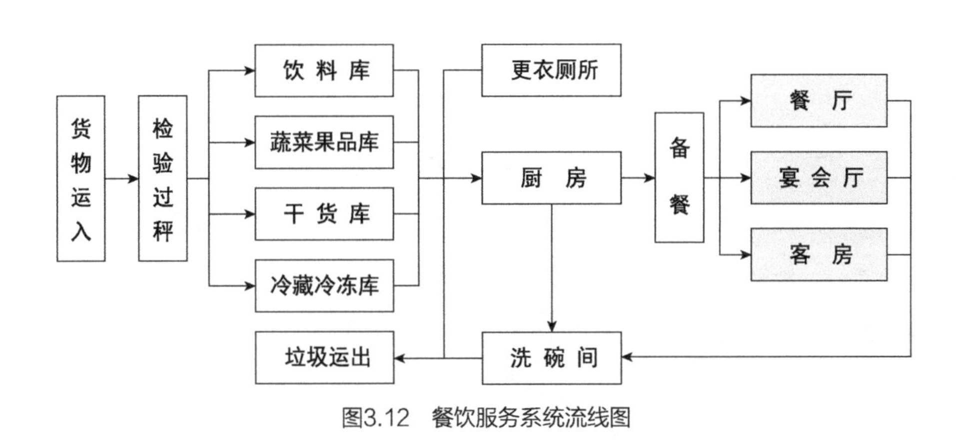

图3.12　餐饮服务系统流线图

酒店的厨房一般位于地下，餐饮厨房后线流线如图3.13所示，食品首先经过验收称重后收入各自库房，厨房从库房拿去食材后；处理好的食物由备餐间的小电梯运送到指定的餐厅或客房，每层的餐饮服务区都会有备餐间中转食物，再由服务员送至餐桌（图3.14）。产生的厨余垃圾及其他垃圾按照特定时间通过货梯运送到垃圾处理区统一打包之后等待回收。

（2）餐饮服务子系统智能化

餐饮服务系统智能化同样是后线服务系统发展的主要趋势之一。智能化餐饮服务系统是由计算机、传感器等技术支撑，将厨房中的餐品组成物联网，实现各个餐品间的相互协调统一，互相联通，为员工操作提供更加便捷安全的平台。将信息综合处理技术、网络技术、人工智能技术等应用到厨房环境的各个方面，目的是实现厨房这个特定环境中不同餐品间的数据互通、功能协同，为员工提供优质的工作环境和良好的交互工作体验。

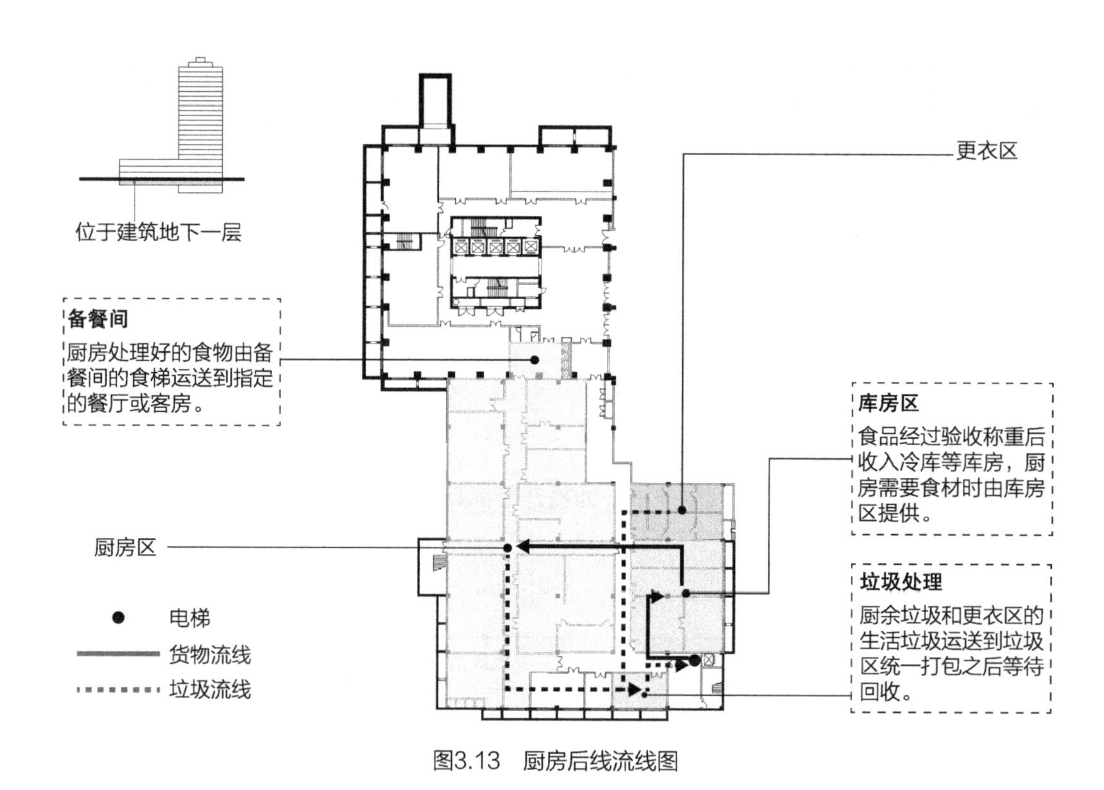

图3.13　厨房后线流线图

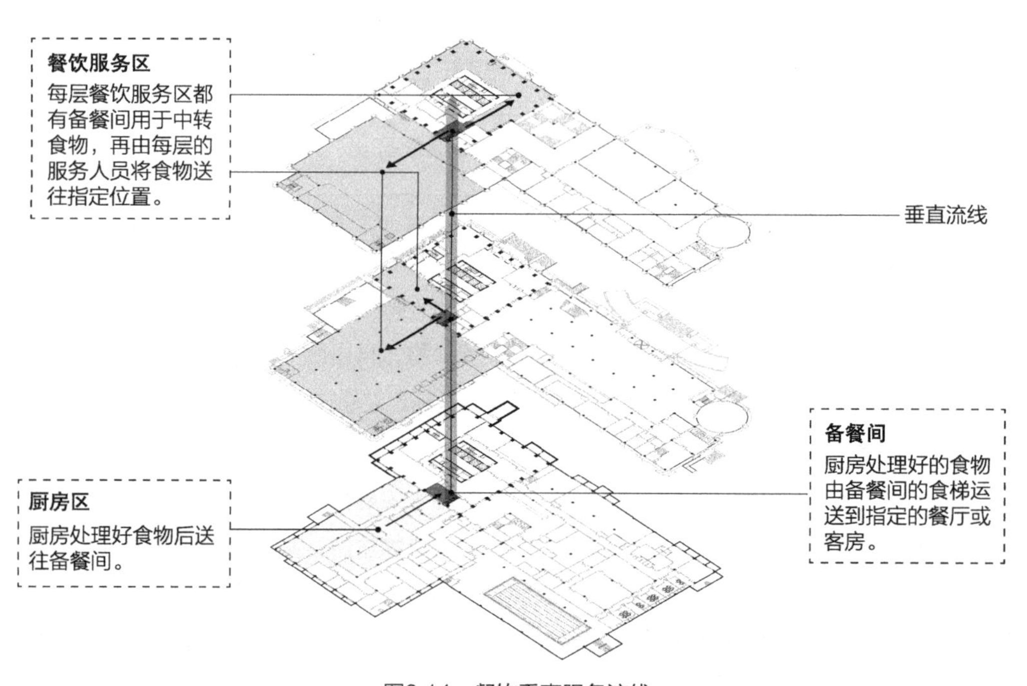

图3.14　餐饮垂直服务流线

智能厨房和员工间的关系更加紧密，除了各种厨房电器的控制面板上的触控屏外，外观上与现代厨房差别不大，但员工在智能厨房中不仅可以完成传统厨房中的操作，还可以与厨房电器间完成多种方式的交互，在由厨房用具、橱柜、厨房电器组成的环境中，更加高效地完成各项操作。

智能餐饮系统特点大致分为以下几点：由计算机、传感器、物联网等技术支撑；厨房中的餐品和员工之间、餐品与餐品之间能够做到互联互通成为有机的整体，实现功能整合；各个餐品之间虽然协调工作，但是均能够独自解决问题；经过收集员工的长期使用数据，能够进行简单的分析，进行自我优化和学习；员工使用体验更加良好，操作更加便捷、安全、环保。

3. 客房服务子系统（图3.15）

（1）客房服务子系统功能及构成

酒店客房的服务模式有楼层服务和客房服务中心两种。过去，我国酒店普遍在每个楼层设楼层服务台并配置服务人员。服务员负责关注旅客的入住、离店，并随时为顾客提供物品、洗衣、热水等服务。缺点是每层设服务台需要大量的服务人员，且其工作量不饱满，浪费了大量的劳动力，提高了酒店的用工成本。并且从入住客人的角度来看，楼层服务台的服务员有碍其隐私，对于服务质量提高没有明显的帮助。

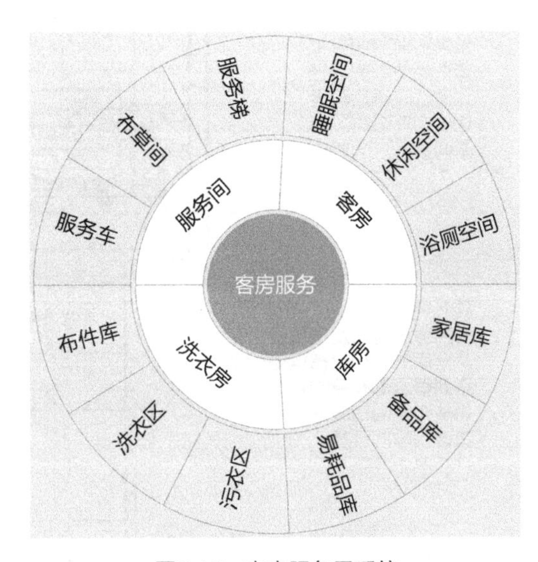

图3.15 客房服务子系统

现代客房服务方式已经跟国际旅游酒店接轨，客房层服务台已经取消，该部分的工作统一由客房部的客房服务中心通过现代化的通信系统进行统筹安排。顾客有什么需求只需拨打客户服务中心的电话便有服务员上门服务，既很好地满足了客人的服务需求，又不会对客人造成干扰。而客房服务中心每个班次所需的员工数量根据酒店的规模大小会有不同，但相比之前大概减少了4/5。

不管采用哪种服务模式，楼层都需要规划存放布草、客房用品、清洁车等的服务间。对于客房服务中心模式，服务间一般设置在客房层的偏角落的位置，包括服务厅、布件储存库、员工休息间、厕所、垃圾污物管道间及服务电梯厅。客房服务流线如图3.16、图3.17所示。

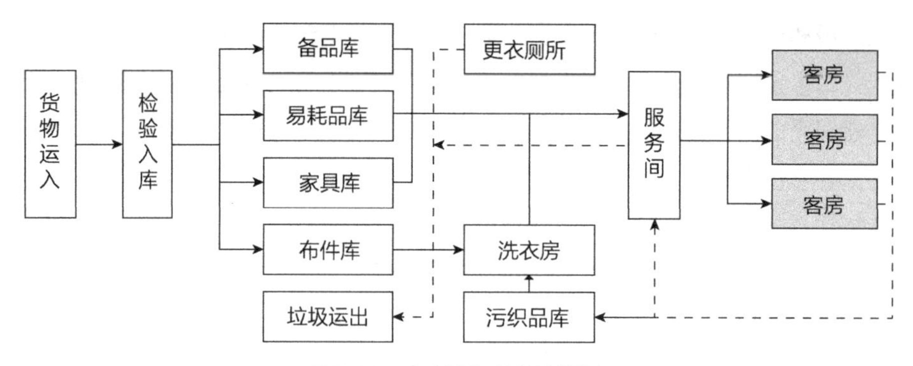

图3.16　客房服务系统流线图

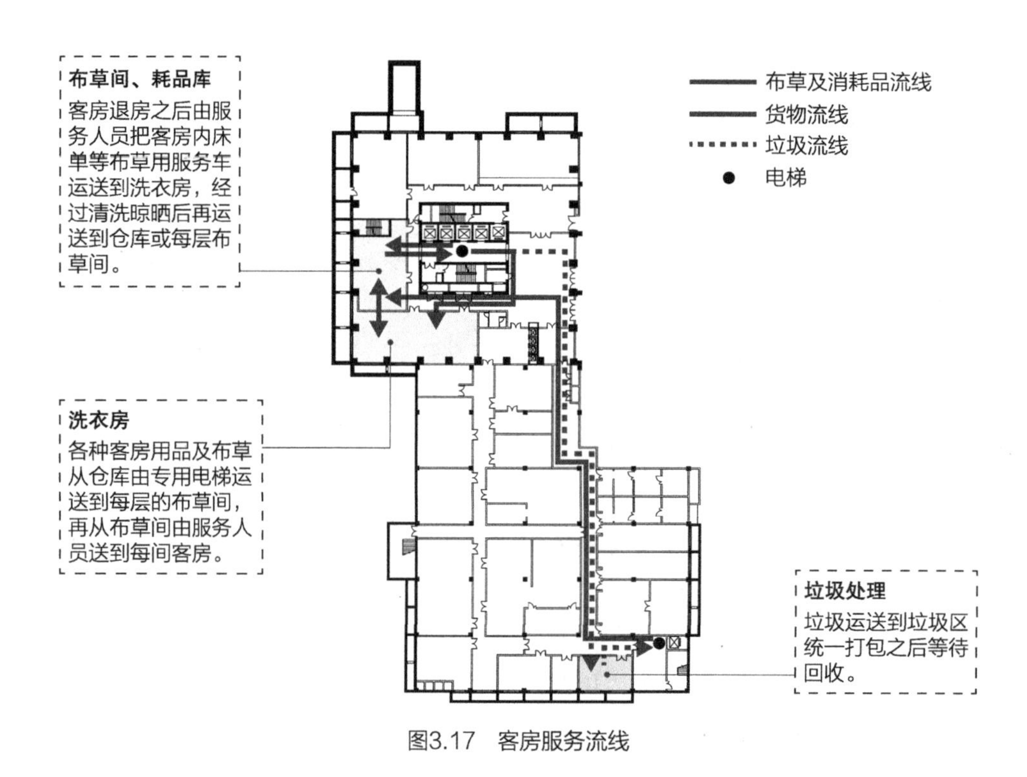

图3.17　客房服务流线

图3.17所示为乌兰国际大酒店的一般客房服务流线，耗品经过验收进入库房，通过货梯把床单等布草运送到各层的布草间，再经由布草间送到客房；客房内需要清洗的布草由服务员运送到地下洗衣房，洗涤完毕后存放在布草间备用。

（2）客房服务子系统智能化

客房智能化服务系统管理在酒店中应用非常广泛，对于酒店的管理工作而言非常重要。智能化客房服务系统主要是智能化系统在客房中的应用。主要包括：网络/通信系统、影音系统、客房控制系统和客房服务信息控制系统。

目前客房服务系统智能化发展的特点为：

①目前客房智能控制系统主要以照明控制为主，既能实现节能，又能使涉及的范围更加广泛；②控制模式也从触摸控制变为机械自动复位开关控制；随着技术的不断进步，控制方式正朝着集中分控与自动检测、智能控制的方向发展；③对单一客房的智能控制器进行升级，使得各个客房控制器之间可以很好地联合，形成一个智能服务系统网络。

客房智能控制系统具有较高的完整性和可靠性。智能控制管理系统能及时响应客房的服务状态，在客人产生相应需求时，系统会根据需求自动发出生活提示。该系统还可以记录服务人员的工作情况，便于对酒店服务人员的管理，提升酒店工作考核的效率。系统软件还可以监控酒店的相关设备，当酒店设备出现问题时，系统会在第一时间发现并采取科学合理的措施及时处理，使得设备能够继续正常稳定的工作。这样既节省了整个酒店的人力资源，又延长了酒店相关设备的使用寿命，为酒店带来了更多的经济效益。

4. 会议娱乐服务子系统（图3.18）

现代大中型的城市酒店，不仅仅提供食宿，还逐渐发展为集住宿、会议、休闲娱乐、康养为一体的大型综合设施。企业或公司团体的发展需要举行会议和培训场地，也就需要各种规模的空间，如团体集会、宴会、会议、展览等用途，地方组织也经常使用酒店建筑的会议娱乐及多功能空间来进行年会、招待会等。而酒店内会议娱乐服务，正好迎合了企业和公司的需要，并且对酒店的收益起到了很大的作用。图3.19所示为各酒店的会议娱乐设施。

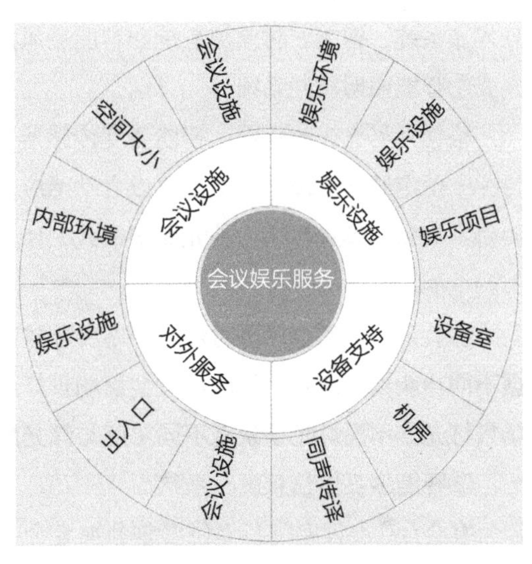

图3.18　会议娱乐服务子系统

（1）会议娱乐服务子系统功能及构成

会议娱乐服务系统即为旅客提供会议娱乐的服务系统。如果酒店为会议性酒店则会议设施的规模会更大，所需后线服务人员的数量也会更多。

酒店的会议厅往往具有多种功能，一些大型的会议厅会兼作宴会厅、展览厅，但为满足会议需要，一般所需的设备要求较高。如同声传译设备、高水平的声像设备等。

（a）北京远望楼宾馆会议室

（b）北京海航大厦万豪酒店健身室

（c）北京瑞海姆田园度假村保龄球室

图3.19　各酒店会议娱乐设施

（2）会议娱乐服务子系统智能化

在智能会议娱乐空间服务系统中，主要的子系统有智能照明控制系统、智能多媒体信息发布系统、智能安防监控系统和智能通风换气系统。

①智能照明控制系统

根据外界光线的强弱，智能亮度传感器自动调节会议娱乐公共空间灯光亮度，从而维持一个恒定照度。该方式不仅可以自动感应执行，而且可以充分地利用自然采光，根据需要将常规照明模式转换为补光照明模式，使其在满足环境照明要求的基础之上最大限度地节约电能。

在会议室或宴会厅等对灯光照明要求较高的功能房间中，设置智能灯光场景控制：根据不同功能场景需要，可以设置会议场景灯光、投影播放场景灯光、休息场景灯光、常用场景灯光。不同灯光场景有不同照度与灯光配置，提供不同场合下的照明氛围。

②智能多媒体信息发布系统

宴会厅、会议室门口等位置是参加宴会或会议的人员的主要通道，可保留多媒体信息装置；餐厅、康乐功能房间、洗浴等娱乐空间为非主要通道，也可设置多媒体信息装置起到辅助作用。

在会议室或宴会厅等对多媒体信息发布要求较高的功能房间中，多采用数字高清显示系统。高清投影系统主要用于视频会议时显示双流或远端图像，本地会议时显示演示文稿、投影演讲内容，有利于后排参会人员的观看。同时，此系统支持多种模式信号切换，输入输出间可任意转换信号格式；单路单卡，模块化设计，方便设备维护。当开启本地与远程会议时，摄像进行自动跟踪，发言人画面自动切换至远程视频会议，智能化控制，方便快捷且系统捕捉准确性高；话筒自动管理，如设定时间内无发言，系统智能控制话筒自动关闭。

③智能安防监控系统

会议室中有很多贵重设备和保密图像资料，在其入口位置安装摄像头，管理员可通过警戒器按钮进行一键设防。管理人员忘记设防时，可通过手机等方式进行远程设置。

为保证酒店人员和固定资产的安全，提高管理效率，可选择非接触式智能感应卡作为持卡人出入的凭证。系统可以对每张卡片设置不同的权限或活动范围，实现对人员及其访问通道的科学的分类管理，并对各类人员所有活动进行记录。门禁管理系统主要由非接触式感应卡、感应读卡器、开门按钮、电子门锁、门禁控制器、通信转换器、系统管理工作站及相关软件组成。门禁系统应与消防系统相连接，进行联动设置。

④智能通风换气系统

会议娱乐公共空间里人员众多，大跨度室内空间易造成空气流通困难，致使室内空气污浊。通风换气系统可以智能控制或自动定时控制进行室内通风换气工作。在下次使用前，提前预设好的换气系统可以自动将室外清新的空气注入会议娱乐公共空间室内，时刻让客户体验到舒适、健康的感觉。

3.4 服务系统流线设计

现代酒店的设计中突出对客人流线、员工流线及各种服务流线的区分设计，避免不同流线，尤其是客人流线与员工流线的交叉。

3.4.1 客人流线

酒店三类客人的一般流线是：住宿客人通过主入口或团体入口进入酒店进行登记后，通过交通厅进入到各自客房，或者进入大堂周边的餐饮、娱乐等公共空间；外来客人流线与住宿客人流线基本相同，但一般不进入酒店的客房区，仅在酒店的公共活动区域进行活动；宴会客人通过酒店的宴会入口进入宴会门厅然后进入宴会厅。由于宴会人流较大，最好单独设置出入口以免和其他人流互相干扰。客人流线如图3.20及图3.21所示。

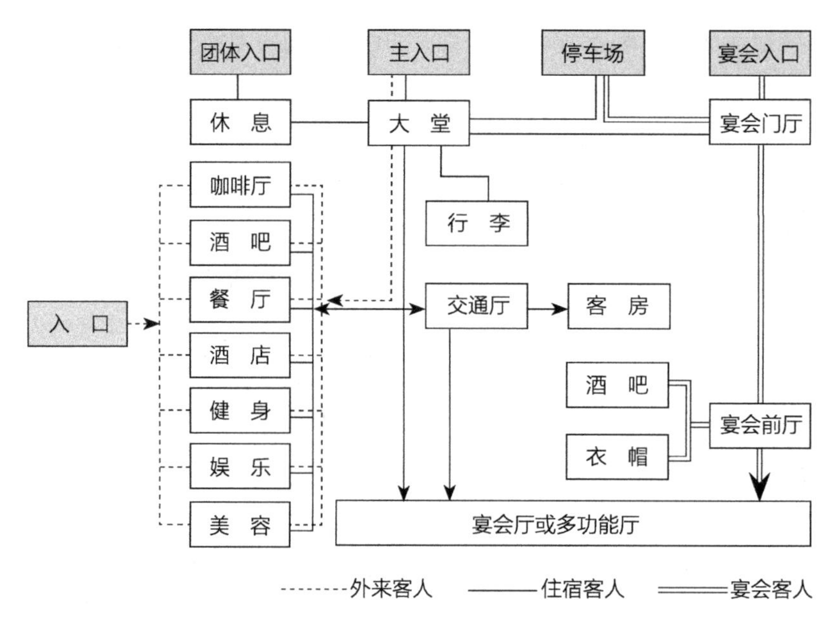

图3.20　酒店客人流线分析

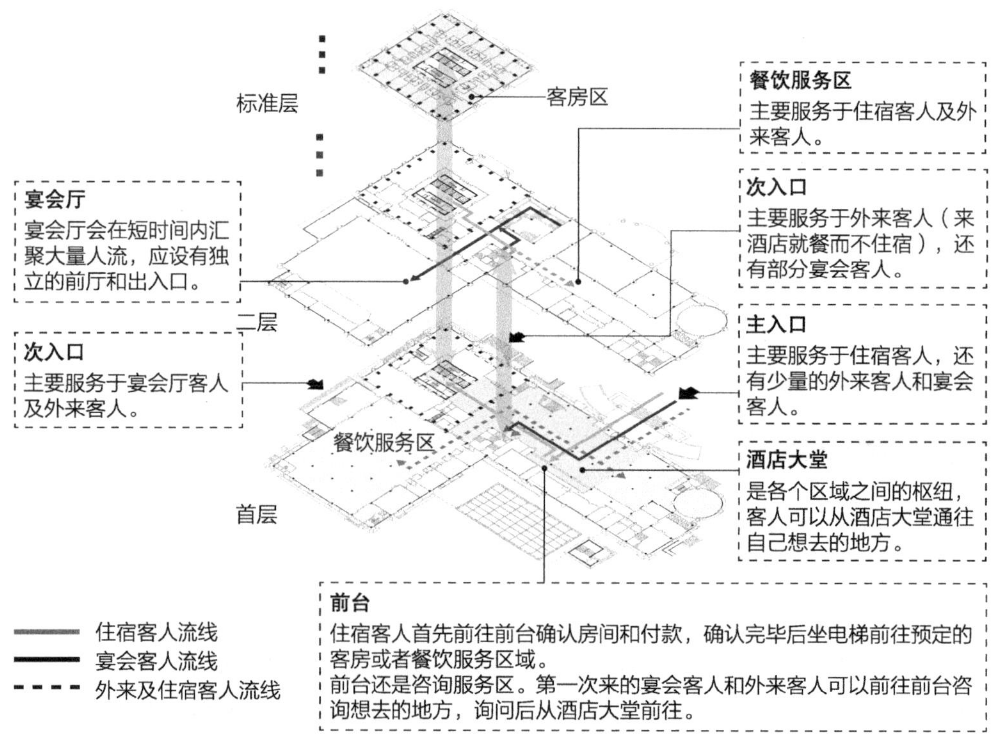

图3.21　酒店客人流线图

3.4.2 员工流线

员工的一般流线是：员工从专用的员工出入口进入，首先打卡考勤，然后在更衣室穿好各自制服，通过服务通道进入各自工作岗位（图3.22、图3.23）。举例来说，接待人员的流线必

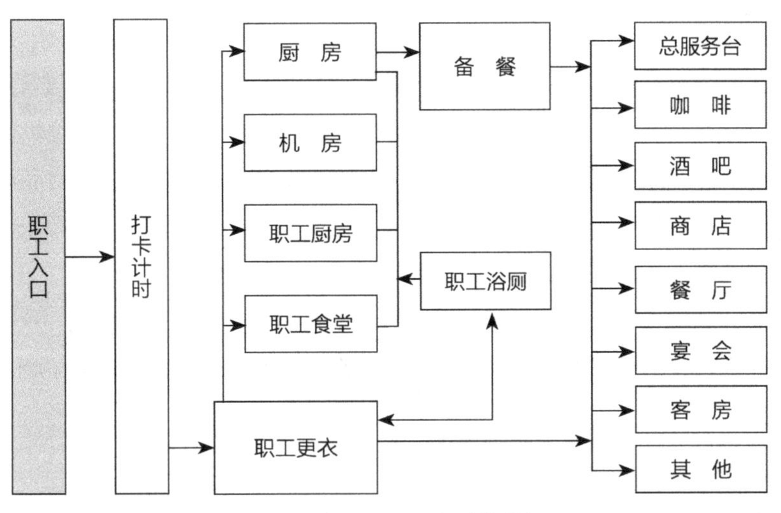

图3.22 酒店员工服务流线分析

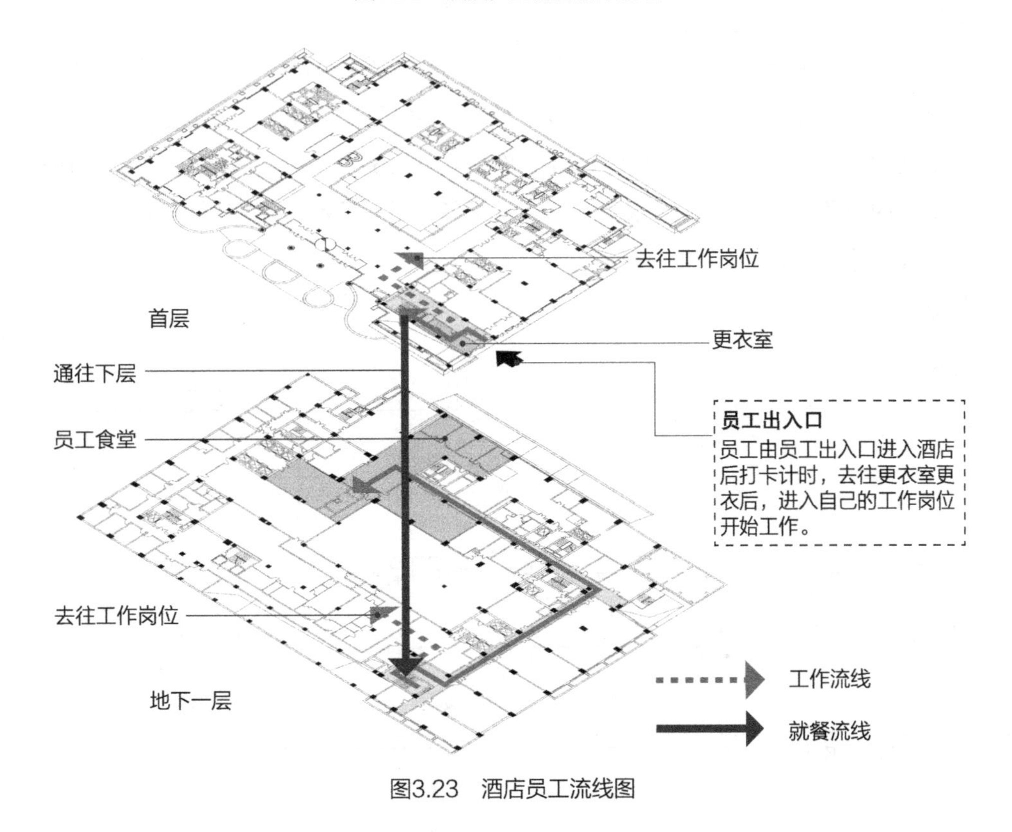

图3.23 酒店员工流线图

然和客人的流线有所重合，但是财务部工作人员和客人之间鲜有交集，所以其流线不应交叉重叠，所以设计时应注意区分不同的员工流线。对于客人不会接触的员工流线应与客人流线的分开，而对于客人会接触的员工流线应减少交叉重叠，以此来提升客人在酒店的满意程度。

3.4.3 物品流线

酒店的正常运行需要各种食品原料、必备品、易耗品，这些物品均经过特定的流线进入其服务系统（图3.24、图3.25）。物品流线分为食物流线、布料流线和垃圾流线，三者的流线可能会交叉或者共用，还可能和员工流线重合，所以设计师应对物品流线加以重视。大中型酒店通过这些物品流线的设计以提高工作效率，满足清洁卫生要求。其中以食品及客房布件的进出量最大，在流线设计中应给予特别的重视。

在大中型的现代城市酒店中，每个服务部门每天都会产生大量的垃圾，这些垃圾的收集、分类、处理以及运输都要有其特定的流线，避免其对其他清洁区域的干扰。

本章小结

本章介绍了系统论的基本理论，从系统的角度对酒店服务系统各组成部分进行了全面介绍，包括服务的对象和服务者的类型、活动区域和心理需要，以及服务的实现过程。详细介绍了酒店的四个子服务系统：前台服务系统、客房服务系统、餐饮服务系统、会议娱乐服务系统的组成内容及各个系统的服务流线；并叙述了各个服务子系统利用现代化的计算机、通信、控制技术等实现的系统智能化。通过本章对服务系统的介绍，梳理了顾客群体的需求和酒店服务组织框架，使得读者对于酒店的后线服务区域有了更为系统的把握和了解。

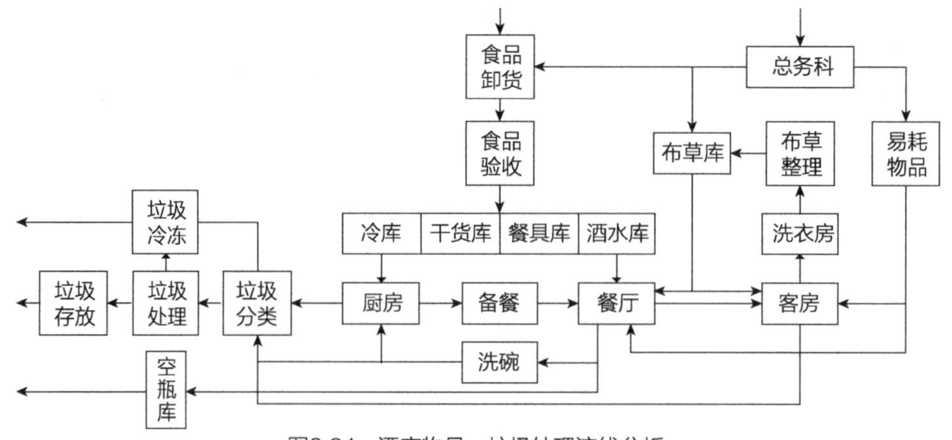

图3.24 酒店物品、垃圾处理流线分析

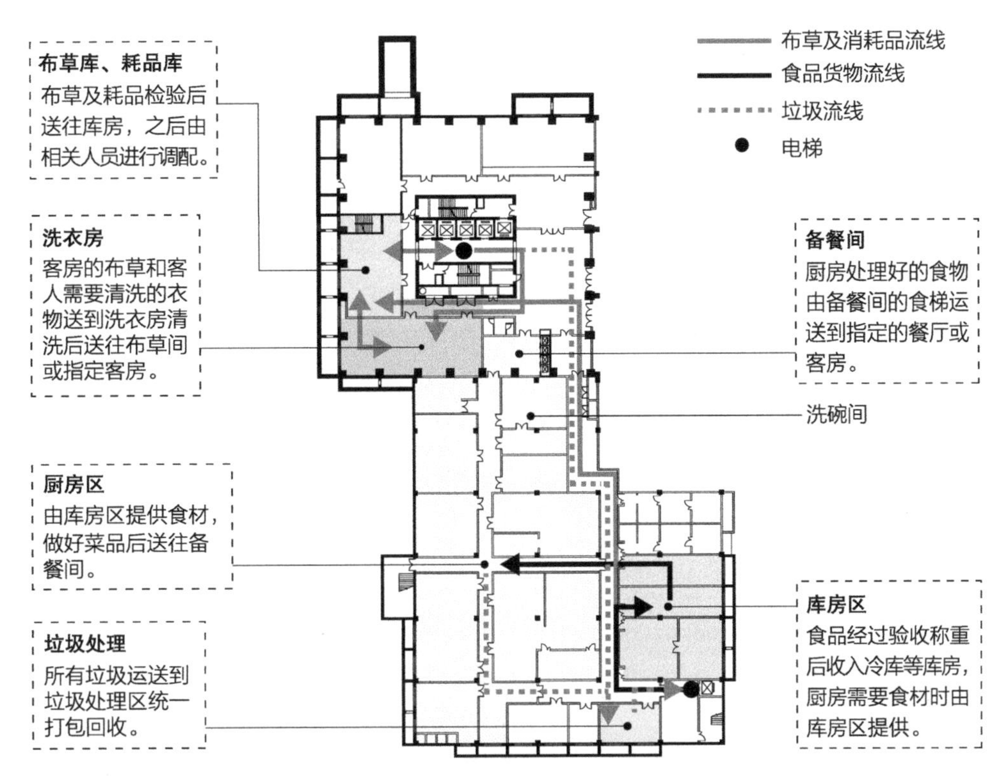

图3.25　酒店物品及垃圾处理流线图

第 4 章

后线服务区域建筑设计及其智能化

后线服务区域的建筑设计是一个“跨专业”的设计过程，需要建筑师综合酒店的使用需求、酒店管理、工艺流程以及专业设备等多方面的因素进行合理布局，其设计的重要性和复杂程度不亚于酒店其他部分。高星级酒店的优势正是在于服务的品质更高、服务种类更多，而优质服务的实现与合理的后线服务区域设计紧密相关。

本章为此书的核心章节，将结合工程实例深入探讨酒店后线服务区域各组成部分的建筑设计原则、工艺流线、空间布置方式、智能化以及空间面积配置指标。

本章将酒店的后线服务区域大致分为四个部分：服务部分、行政办公部分、员工生活部分、机房与工程维修部分。

服务部分：包括客房服务、厨房、洗衣房、各种储藏库房、垃圾房、卸货处等各部分。

行政办公部分：包括酒店的管理者及各部门办公室人员的办公区域。

员工生活部分：包括更衣间、员工食堂、员工活动室等。

机房与工程维修部分：包括各类机房及工程维修部门。该部分为酒店运行的动力基础和设备基础。

4.1 客房服务区域设计

本节主要讨论酒店客房服务区域设计以及智能化趋势。酒店客房层主要由客房区域、交通区域和服务区域等功能区组成。客房服务用房主要包括以下四种类型：布草间、污衣间、消毒间和服务员卫生间。

4.1.1 客房服务区域设计原则

（1）布草间用于放置干净布草和其他干净的客房物品；

（2）污衣间用于临时放置使用过的布草和水杯餐具等物品；

（3）消毒间用于消毒水杯餐具等物品，有些酒店将消毒间与开水间合用；

（4）服务员卫生间可结合工作人员休息室灵活设置。

在位置布局方面，服务用房一般结合电梯和疏散楼梯构成服务核心，每层或隔层设置。早期酒店服务房中的污衣井已逐渐被取消，使用过的布草当前主要通过服务电梯运送到洗衣房，洗净之后送入布草库，然后由服务人员从布草库运送至各层布草间，详细内容参见洗衣房与货物流线部分。

为了减少对宾客的干扰，客房层的住宿宾客流线应与服务流线分离，同时服务流线注意与酒店后勤部分洗衣房、库房等后线服务用房相联系。

4.1.2 客房服务区域智能化

智能化客房服务系统主要是智能化系统在客房中的应用。主要包括网络/通信系统、影音系统、客房智能控制系统。

1. 网络/通信系统

随着手机应用功能的不断拓展，语音通信技术也被应用在酒店客房服务方面。客房内设有智能数字电话，为客户提供全方位的通信服务，包括语音信息服务、多语种服务、定制叫醒电话、语音信箱、传真信箱、信息查询等。酒店程控交换系统的建设不仅是信息交流的渠道，也是满足客服不同需求的有效工具。写字台、床头柜和浴室通常安装不同类型的电话设备。

酒店内的互联网系统建设包括酒店办公网、客用专网、设备专网。客房内网络系统全部纳入客用专网，高端酒店多配备双核心备份以保证客用网的稳定。防火墙安全策略的实施保证了网络系统的安全性。

2. 影音系统

不同类型多媒体影视可输出至酒店的电视机上播放。酒店运用多媒体面板支持多种模式信号切换，输入输出间任意转换信号格式，通过高清传输线接入到平板电视。

通常在客房卫生间难以清晰地听到电视音响，通过在卫生间台盆下配合装饰安装无源吸顶式音箱可有效解决这一问题。音频取自客房电视机的扬声器输出，供客人洗浴时收听电视新闻或音乐，并配置调音开关用于调节音量大小。

3. 客房智能控制系统

客房智能控制系统可以实现多种自动控制功能。客房智能控制系统在客户未入住前可设置欢迎模式，当客户打开客房门，房间电动窗帘打开，背景音乐响起；进入客房后，客房智能控制系统可通过客户指令控制客房内灯光、空调、电视等各种设施；当退房时，客房智能控制系统可将房间信息传送至客房服务部，缩短客户等候时间。

客房智能控制系统由一套管理客房内灯光、空调、服务信息终端控制设备组成，采用互联网控制系统与中心处理系统连接的方式，构成主控计算机和各客房智能系统的连接网络。前台、客房部、楼层、工程部、保安部等部门客户端管理计算机经过中心交换机与服务器连接，通过信息交换和数据处理，把客房实时状态信息及时反馈至各部门，从而实现对远程灯光、空调、服务信息、安防信息等状态的网络化控制与显示。

4. 客房服务信息控制系统

客房门外显示牌可显示客房内“客人在房”“请勿打扰”等状态，便于工作人员及时了解客人需求。

客房门内入口智能控制。插入取电卡，进入欢迎模式，插卡自动开关的设施可根据酒店运营管理进行更改。

客房智能门磁控制。门磁信号传送至客房服务信息控制系统，在客房服务器上显示客房门的开启与关闭状态；插入房卡数分钟后，房门如未关闭则转入“预警状态”，关门后自动恢复正常状态；取出房卡数分钟后，房门如未关闭则转入“预警状态”，在客控软件上报警，关门后自动恢复正常状态；房门“开/关”信息均在服务器中记录，可以查询并归类分析。

客房空调智能控制。在客房离线状态，通过交流接触器获得温控器失电信息，启动对高、低速风机及冷、热电磁水阀的控制，以实现客人刚入住时瞬间启动空调，保持适宜温度；客人入住但离房拔卡后，空调系统低速运转，维持恒温、节能的高性价比状态。

4.2 厨房设计

因流程复杂，种类繁多，厨房在酒店后线服务区域中的设计难度最大，对空间功能和布局流线的要求也最高。

作为服务酒店餐厅、宴会厅的后方，厨房是酒店供应各类菜肴食品的基地。除了餐厅后方传统的厨房之外，咖啡厅、大堂吧和水吧等茶歇空间与酒吧的制作间也是厨房的组成部分。

目前，对于厨房部分应属后线服务部分还是餐饮部分看法并不一致。在上一章，按照服务系统进行流线分析时，笔者将厨房部分纳入餐饮服务系统，在本章的建筑设计中，因为厨房的位置多集中布置在后线服务区，因此将其归入后线服务部分。

专业的厨房一般交由专门的厨房设备厂家进行设计。但如果建筑师了解食品从运入酒店、送入厨房直至最终烹制完成端上餐桌的整个流程，并且在设计中与厨房工程师积极讨论并交换意见，会对厨房的设计有很大的帮助。

4.2.1 厨房类别

1. 按菜肴种类分

按照不同菜肴种类，厨房分为中餐厨房、西餐厨房和特色餐厅厨房。中餐厨房（图4.1）菜种丰富，工序繁多，所需面积相应较大；西餐厨房会设置糕点房；日餐厨房的冷菜间面积较大；特色餐厅（图4.2）会根据其菜式风格进行独特的设计，等等，各有特点。

图4.1 万豪宾馆中餐厅厨房

图4.2 万豪宾馆印度餐厅明档

2. 按规模和作用大小分

在同一家酒店，按照设施的完善程度、规模和作用大小的差异，厨房分为主厨房和次厨房。主厨房又称中央厨房，是各个厨房的枢纽，集中将食材加工成半成品分配至各个厨房，也承担面包糕点的制作，还配有主厨办公室及各类物品的存放库房和橱柜[①]。

以圣山国际大酒店地下一层主厨房为例（图4.3），这是一个综合性厨房，面积很大，几乎占了地下一层的绝大部分，功能最完善，大大小小几十个分间，涵盖了多种厨房功能，酒店的大部分餐食也都由这里提供。

次厨房（图4.4）一般位于某些分散布置的餐厅的后方，面积较小，设施不如主厨房完善，有时仅承担备餐的作用，优点是位置灵活，服务的对象也很广泛。当仅有备餐功能时，食材运送、加工、烹饪等菜肴的主要制作过程仍在主厨房内完成。

过去厨房多位于酒店首层，紧邻餐厅区域，远离客人出入口，现今为了提高空间利用率，酒店首层一般以餐厅、宴会厅和其他公共空间为主，将大面积的厨房等后线服务区域

① 中国建筑工业出版社，中国建筑学会．建筑设计资料集（第三版）第5分册 休闲娱乐·餐饮·旅馆·商业[M]．北京：中国建筑工业出版社，2017：106.

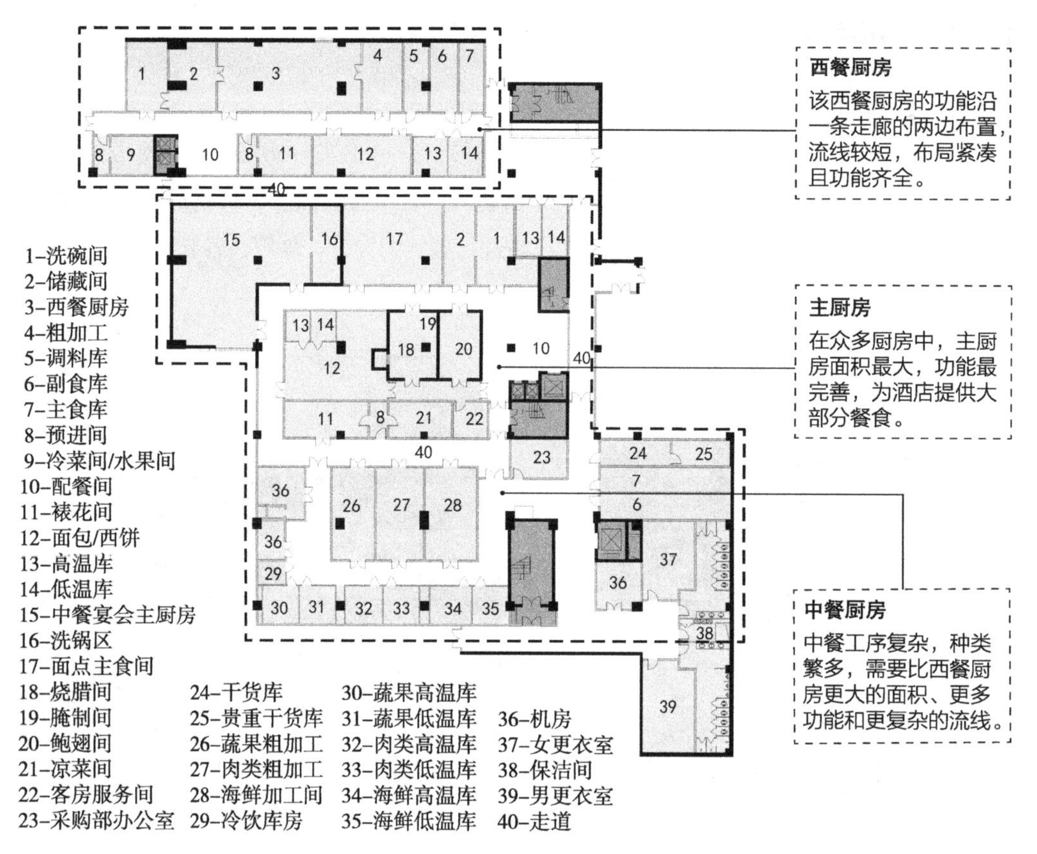

图4.3　主厨房的功能组成

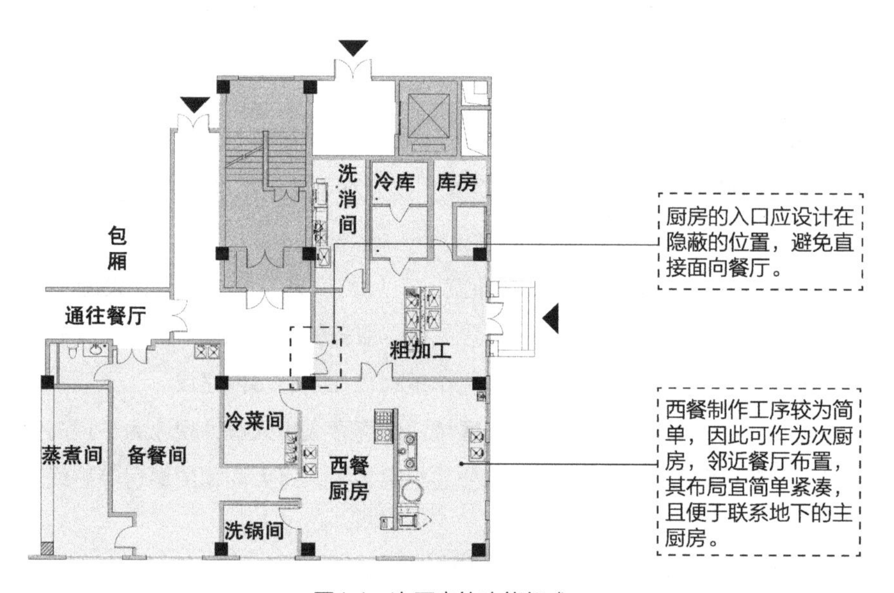

图4.4　次厨房的功能组成

布置在地下层，一方面地下空间受限较小，能满足厨房所需的较大面积需求，另一方面首层得以腾出更多空间为客人所用。地下厨房与地上各个餐厅之间靠食梯相连，在垂直与水平上均联系紧密（图4.5）。

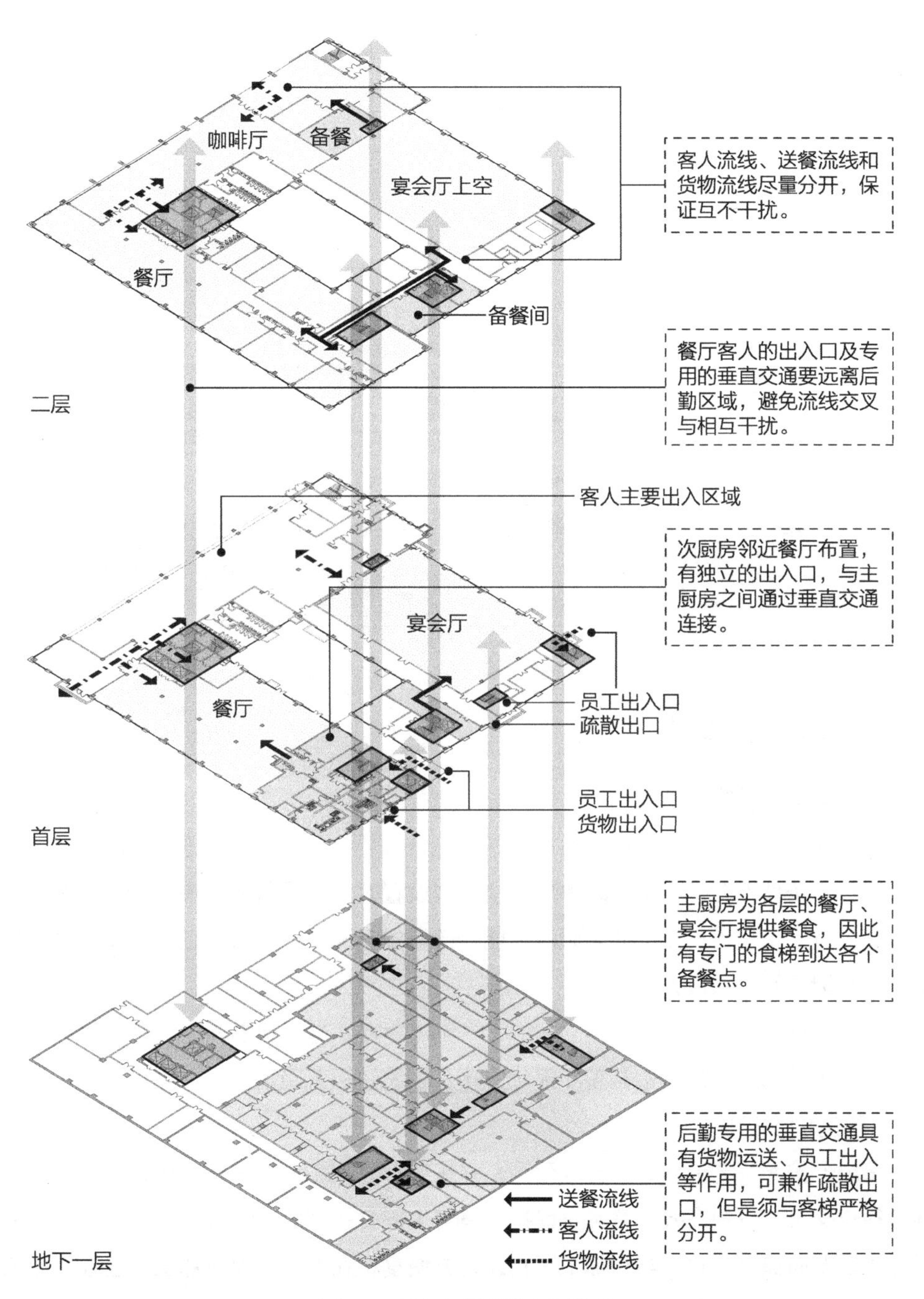

图4.5　厨房与餐厅的空间关系

3. 按服务对象分

按照所服务对象的不同，厨房还分为日常餐厅厨房、宴会厅厨房（图4.6）及职工餐厅厨房等。也有专门为客房提供服务的客房厨房，目前在我国并不单独设立，一般与日常餐厅厨房一起设置，通过酒店的客房订餐系统进行联系。

咖啡厅的制作间一般单独设置在咖啡厅后方，有时也与厨房相连。酒吧的准备间则与吧台连在一起，以便服务员在内侧制备饮料酒水。

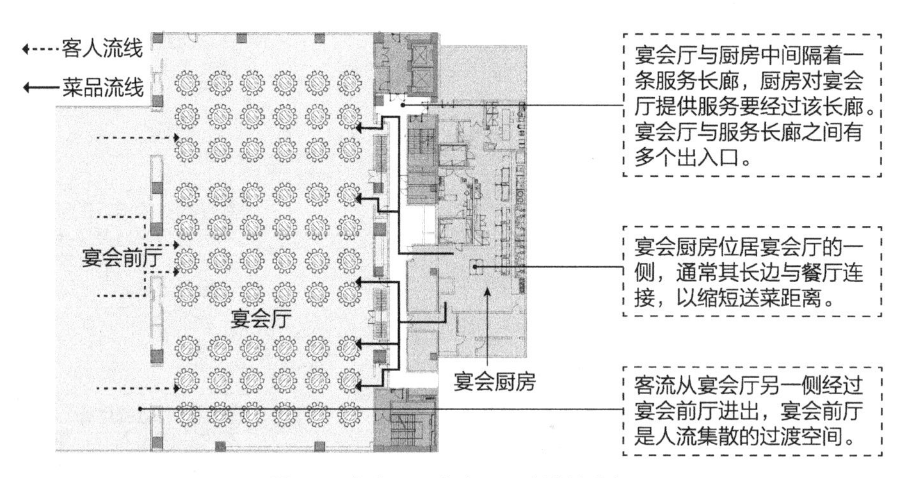

图4.6　宴会厅及宴会厅厨房流线分析

4.2.2　厨房设计原则

1. 厨房与餐厅的位置

厨房宜靠外墙设置，一是利于通风换气，二是方便人员、货物的进出。厨房与餐厅宜同层设置；若条件不允许，厨房与餐厅必须分层设置时，应设服务电梯。厨房与餐厅之间如果有高差宜采用坡道连接。如果厨房不能全部设置在同层，库房、点心制作间等可移至邻层，但与厨房间联系应方便。

厨房备餐间到餐厅的距离不应过大，小于40m为宜，过长则不利于食物温度、新鲜程度的保持。可采用厨房的长边与餐厅部分连接，以缩短送菜距离。

2. 厨房内部分区和流线

厨房内部按照工艺流程进行合理分区，并按照食物加工流线进行安排，避免食物加工流线的往返交叉，以提高效率且利于保持环境卫生。食品储藏区应靠近进货入口，有利于食品运入后及时储存，也应与粗加工区相连，方便食材在取出后及时加工，也方便加工后的半成品放入储藏室进行储存。

厨房内必须进行严格的生熟分区、洁污分区、干湿分区、冷热分区，确保食物生与熟、洁与污的分离，其流线互不交叉。洗消间、粗加工区应与其他区域有所分隔，洗消间须能方便接收餐厅回收的餐具；点心房、备餐间相对干燥，应远离洗消间、海鲜房等相对潮湿的区域；冷荤间、西点制作要求温度较低，应与温度较高的烹饪间分开，避免彼此冷热影响。冷菜和熟菜制作区须独立分隔，并设置预进间进行严格消毒。厨房区域的卫生间必须设置在污物区，远离食物加工流线。

3. 方便流畅的交通流线

厨房操作区与货物入口、食品库房之间，厨房内部各区域之间应有方便流畅的路线联系，以便食材在运入之后能被顺利地制成菜肴并端上餐桌。厨师、服务员在后线有专门的出入口，其更衣室应靠近出入口，保证员工更衣后能方便地到达各个岗位；货物出入口与库房应邻近楼电梯设置，缩短货物运送距离；位于地下层的厨房与地上各餐厅备餐间利用食梯进行传菜，为客房提供餐饮服务的厨房应有食物电梯将食物直接运送至客房层。

4. 选材与构造

厨房卫生的重要性不言而喻，为了达到较高的卫生标准，厨房装修材料的选择有其要求。如地面砖（图4.7）要求光而不滑，利于打扫，耐酸耐磨，方便清洗。墙面采用卫生瓷砖（图4.8），利于油污的清除。

厨房经常处于湿环境，因此地面应做好防水，墙面做好防潮；所有柱、墙阳角应做不锈钢或橡胶护角，保护高度2m，墙踢脚带卫生圆角①；厨房楼地面应做下沉结构，下沉范围内做深度不小于200mm的排水沟，排水沟尽量环通；地面的排水坡度在2%左右适宜，在食品加工区、洗消间等容易产生积水的区域地面须设置排水明沟（图4.9），利于积水排放。

图4.7　厨房地面

图4.8　厨房墙面

图4.9　厨房排水明沟

① 中国建筑工业出版社，中国建筑学会．建筑设计资料集（第三版）第5分册 休闲娱乐·餐饮·旅馆·商业[M]．北京：中国建筑工业出版社，2017：107.

5. 避免厨房油烟、噪声对餐厅的影响

厨房内会产生大量的油烟及噪声，为避免其对餐厅氛围的影响，应该采取一些必要的措施进行隔离。如备餐间到餐厅之间的通路可采用转折的方式，以降低声音的传播；在靠近餐厅的位置，放置噪声较小的设备，并在墙面做好吸声处理。

厨房的空调要设计成负压，以使餐厅的气压高于厨房，厨房内的油烟气味不易向餐厅扩散。现代酒店中，一般厨房采用全空调设计，有利于气流的组织。在油烟、蒸汽集中的烹饪区配备专门的排油烟机，将油烟及蒸汽快速排出。

4.2.3 厨房工艺流程和流线设计

1. 厨房工艺流程

厨房的流线设计是与其工艺流程密切相关的。大型城市酒店的厨房面积相应较大，工艺流程复杂。食物在厨房遵循货物购入—储存—食品加工—烹饪—备餐出菜的流程，另外有餐具清洗、垃圾清除等工序。厘清厨房的工艺流程，有助于我们对厨房进行科学的空间布局，设计出合理的服务流线。图4.10归纳了厨房的工艺流程。

根据不同的工艺流程，厨房又分成如下区域：

（1）货物出入区

厨房的货物泛指各种食品原料、酒水饮料、食物器皿以及产生的垃圾等。也有酒店将厨房的货物进出与整个酒店的货物进出设计在一起。无论如何，货物必须有单独的出入口（图4.11），且前方有较大的空地方便卸货，还要远离酒店的主要出入口，与客人出入口严格分开。货物出入区应与库房联系紧密（图4.12）。

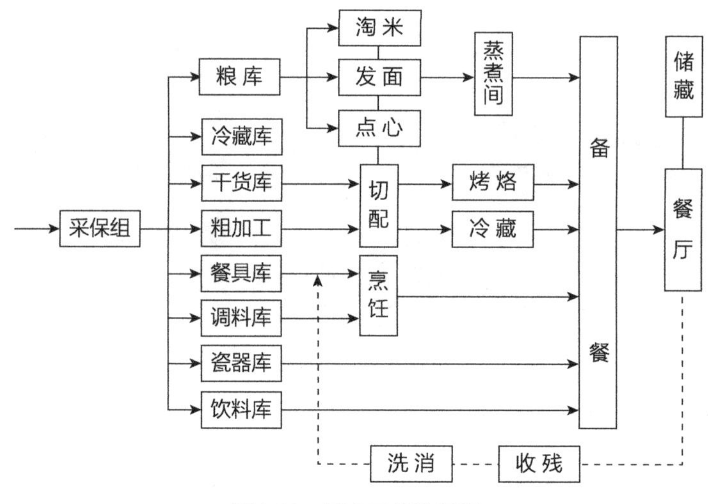

图4.10 厨房工艺流程图

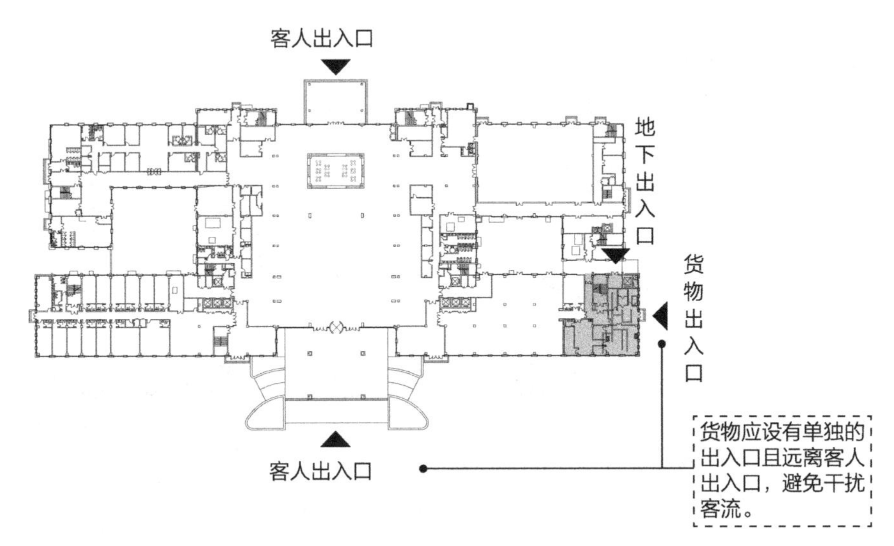

图4.11　客人出入口远离货物出入口

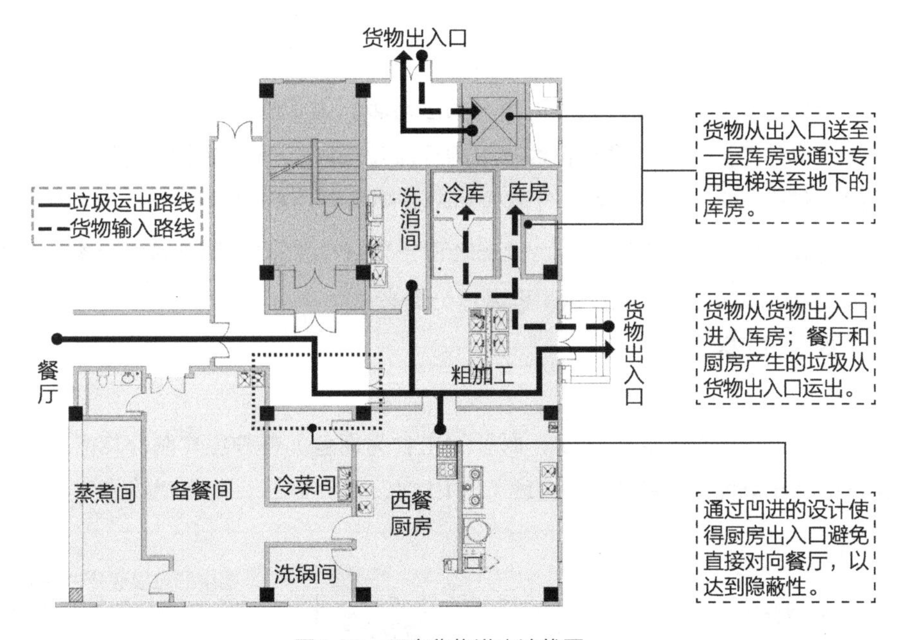

图4.12　厨房货物进出流线图

（2）货物储存区

食品原料的储藏分为常温、冷藏两种。一些食物器皿（图4.13）、米、面、油、调料（图4.14），以及各种干货的储藏采用常温储藏，而肉类、蔬菜、瓜果（图4.15）及酒水饮料则需冷藏。根据食品所需的冷藏条件不同，冷藏库房又分为高温冷库（0~-5℃）、中温冷库（-15℃左右）、低温冷库（-22℃）。酒店的冷藏库房也可设置在厨房外部，但必须与厨房联系方便。

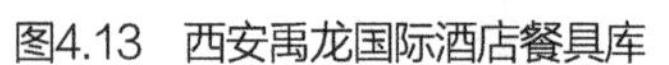

图4.13　西安禹龙国际酒店餐具库

图4.14　西安金花豪生国际大酒店调料库

图4.15　北京海航大厦万豪酒店水果库

现代酒店中的食物器皿样式越来越多样化，再加上一些专门的玻璃器皿、陶瓷器皿，甚至一些高级宴会中使用的银器，一般都设有专用仓库进行存放。

厨房每日产生的垃圾量较大且大部分为湿垃圾，为了防止湿垃圾过快霉变、产生异味，维持厨房的卫生，酒店常设恒温15℃的冷藏垃圾间；干垃圾中的塑料瓶和易拉罐还有专人进行分拣回收。如广州威斯汀酒店的垃圾房（图4.16）有着较为严格的划分，不仅设置了干垃圾存储区，还有冷藏区、清洗区和分类回收区等①。随着垃圾分类变成必然趋势，酒店垃圾房的功能重要性及面积也需适当提高。

（3）食品加工区

①主食加工

中餐的主食为米饭、各种面食；西餐的主食为面包。各种主食制作均需要专门的设备，在厨房设计中将其设置在同一区域（图4.17）。

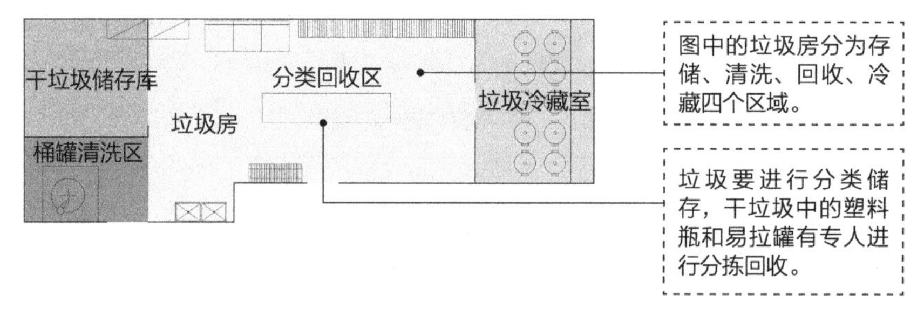

图4.16　垃圾房分区示意

① 邓璟辉．广州五星级商务酒店后勤功能及流线设计研究[D]．广州：华南理工大学，2015.

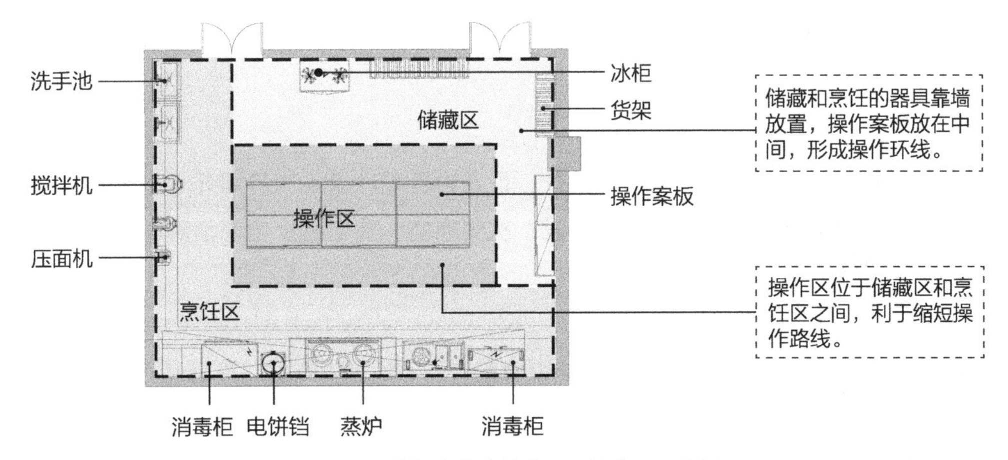

图4.17　面点间内分为储藏区、操作区和烹饪区

②副食加工

副食加工可分为粗加工和细加工，即对菜品原料进行清洗、切配等工作，是烹饪之前的加工程序。粗加工主要是对到货的原材料进行简单的处理，根据原材料不同，主要分为择菜、去皮、禽类和鱼类的宰杀、内脏处理等，经过加工后暂时用不到的半成品运至冷库储存。图4.18展示了圣山国际大酒店中餐厨房加工间与各库房的平面图。如今由于工艺的发展和卫生的要求，多数厨房已经不再宰杀活禽，而是选择宰杀、处理后的可放入冷库储存的肉类；细加工是对已经过粗加工的食材的进一步切制、搭配，完成后的货品可直接送达烹饪区进行烹饪。

③点心加工

中式点心花样众多，如各种小笼包、花卷、烧麦、虾饺等，各种粥、羹更是花样众

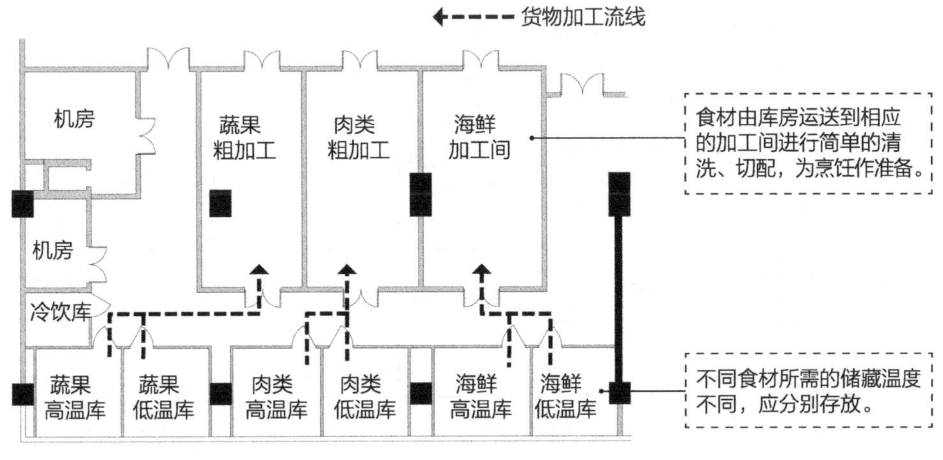

图4.18　货物加工流线分析

多，因此一般设专门的加工区域，如点心制作间。西式点心为各种蛋糕、甜品，多与西餐主食的面包房设在一起，如面包西点房。

④冷荤加工

冷荤间用于制作中式凉菜、西式沙拉、日式料理等冷菜，与冷库邻近，必须单独设置，且卫生要求十分严格。在冷荤间外设二次更衣室，员工进入前需消毒。一般装有空调，严格控制温度（图4.19）。

⑤烹饪区

中餐烹饪：中餐烹饪方式多样，因此中餐厨房的炉灶种类众多，设计时需与厨房设备专家充分沟通，合理选择和布置各种汤炉、炒炉、烤炉、蒸炉设备（图4.20）。

西餐烹饪：西餐的烹饪工具没有中餐丰富，但也有各种烤箱、油炸炉、西式汤炉、蒸煮炉、烤炉等，设备较为专业。

⑥备餐间

备餐间是厨房菜品制作完成后送入餐厅之前临时存放的区域，由传菜员到此取菜并送至餐桌。目前厨房备餐间放置一些诸如冰激凌机、榨汁机、制冰机等设备，并配备有清洗区，以及推车临时停放的区域。现在的备餐区在邻近各层就餐空间均有设置，上下层之间以食梯连接，以便传送菜肴（图4.21）。

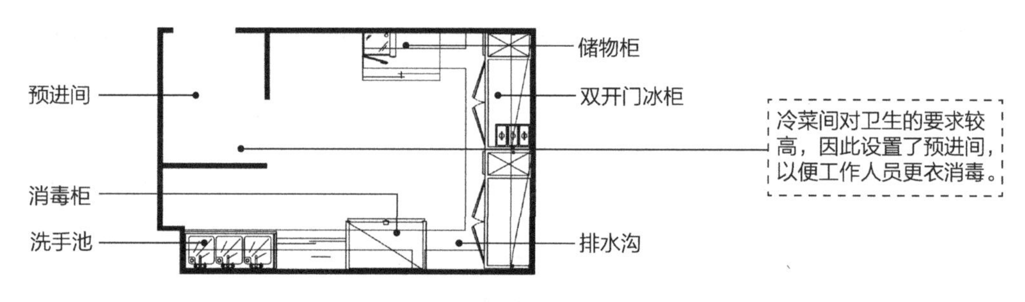

图4.19 冷荤间的布置示意

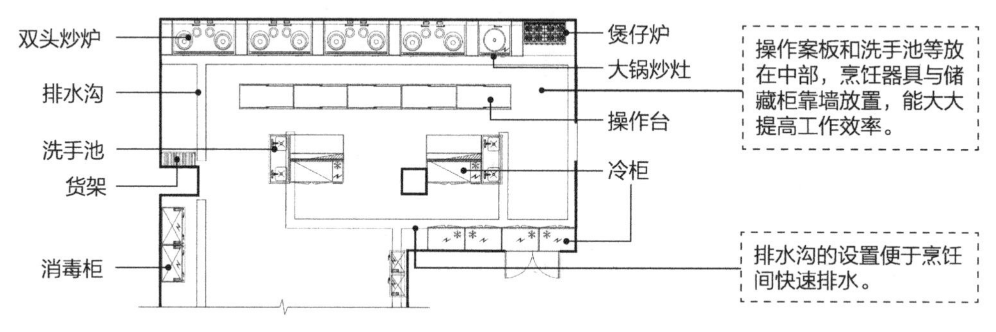

图4.20 烹饪间的布置示意

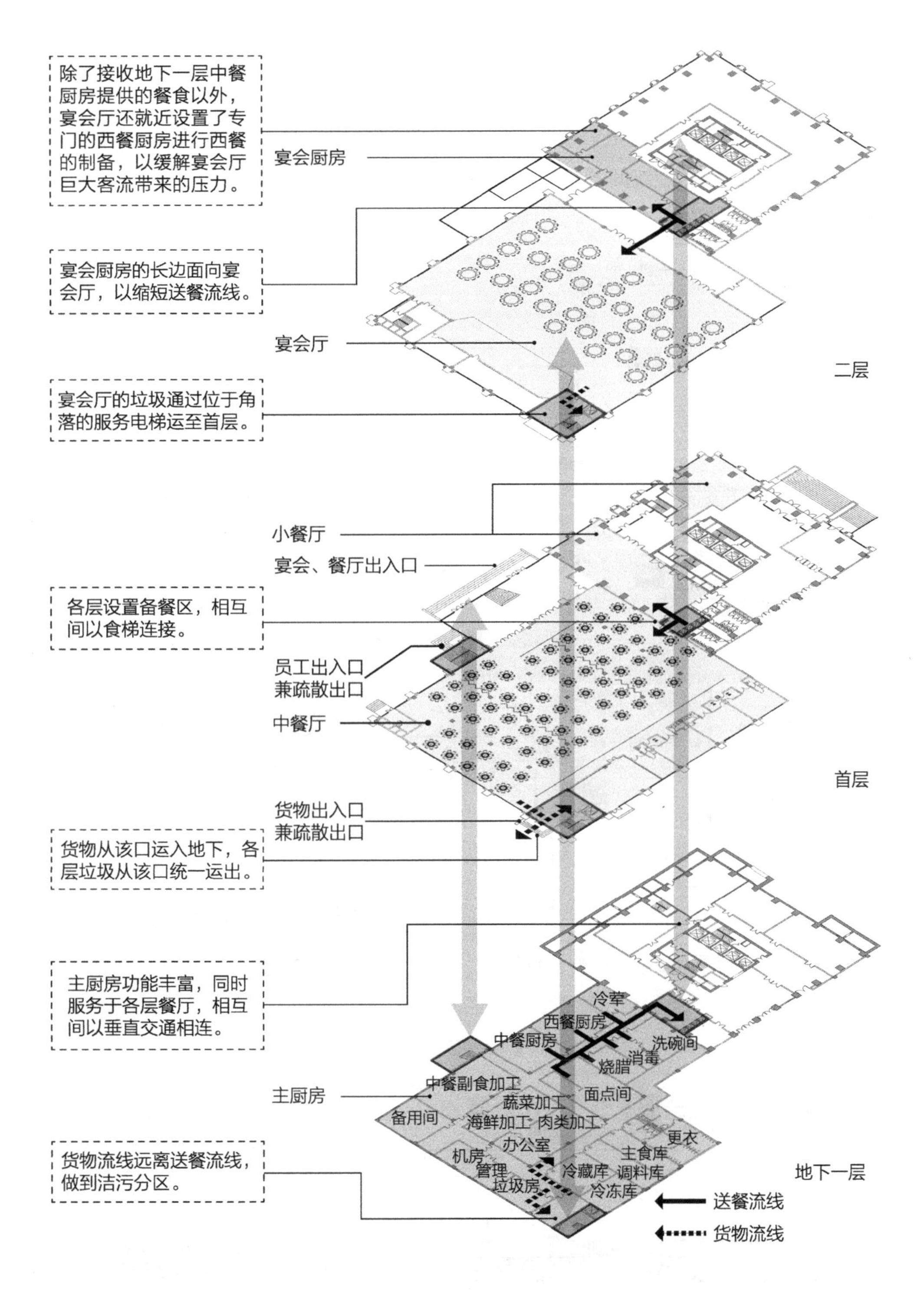

图4.21　送餐流线与货物流线分析

⑦洗涤区

餐厅使用过的玻璃杯在备餐间清洗，烘干后送至餐厅供二次使用或收入储藏柜存放（图4.22）。

餐厅用过碗碟、筷子、汤匙等在专门的洗碗间进行洗涤，在分间式厨房里，洗涤区域应独立布置（图4.23）；在统间式厨房里，面积紧张，洗消空间一般以开放式区域的形式布置（图4.24）。

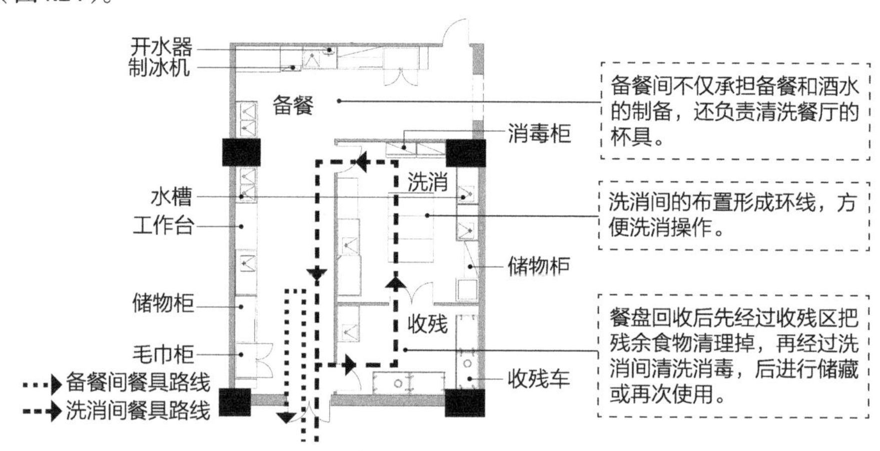

图4.22 餐具流线分析

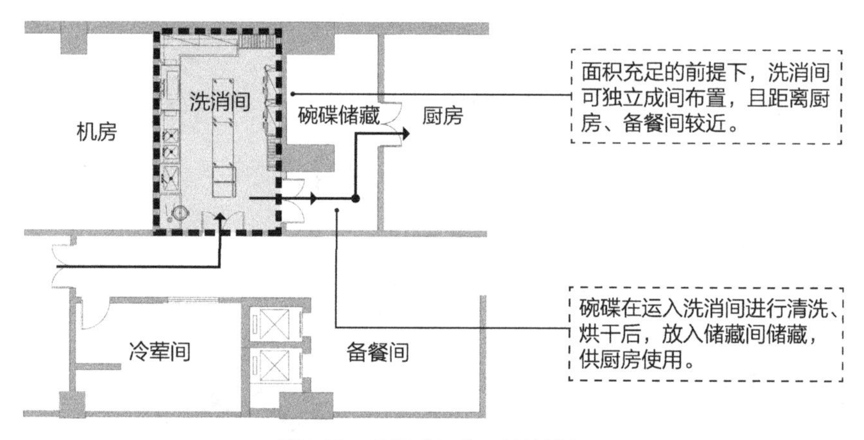

图4.23 分间式厨房里的洗消间

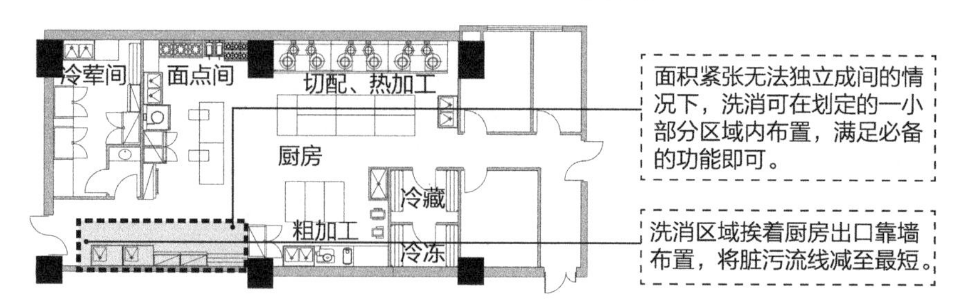

图4.24 统间式厨房里的洗消区域

⑧办公室

在厨房靠近货物出入口的位置可设立采购部办公室，或设在货物出入口通往地下层的楼电梯附近，以便货物进出时由工作人员进行登记验收（图4.25、图4.26）。

图4.27~图4.32为调研中，所摄厨房各个区域的照片，从照片中可以看到目前厨房设计的一些现状。

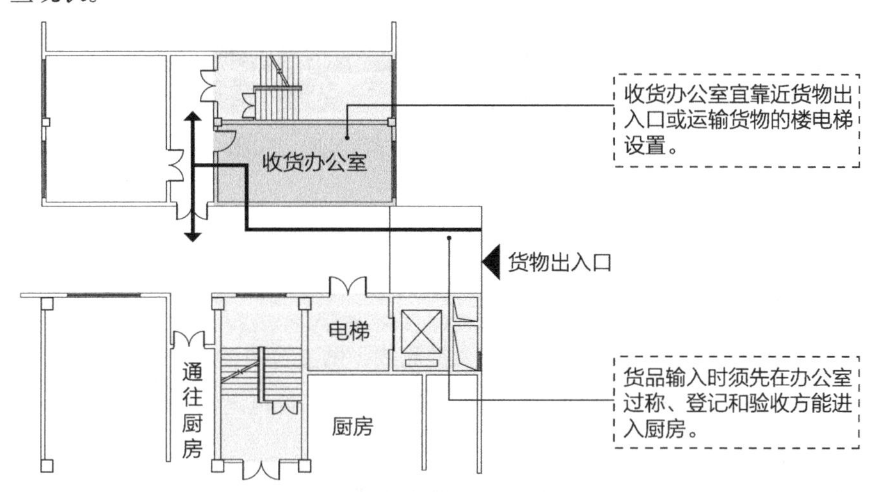

图4.25　办公室收货流线分析

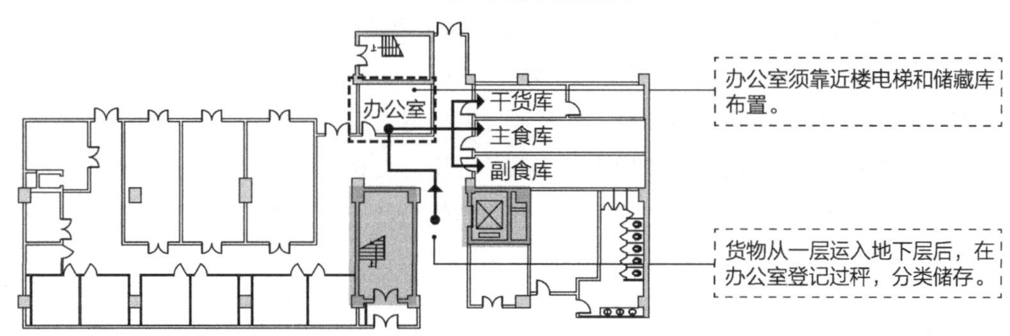

图4.26　办公室收货流线分析

图4.27　北京海航大厦万豪酒店点心房

图4.28　北京瑞海姆田园度假村冷荤间

图4.29　北京瑞海姆田园度假村粗加工间

图4.30　西安禹龙国际酒店中餐热烹区

图4.31　西安禹龙国际酒店中餐加工区

图4.32　北京京瑞温泉国际酒店西餐面点间

2. 厨房流线设计

厨房内部的流线主要分为物品流线和人员流线，两支流线的关系如图4.33所示，两支流线所经过的区域大部分是一样的，分别在服务电梯和烹饪区之后进行了两次分离。

(1) 物品流线

这里的物品主要是食材和餐具两种。食物的流线和菜品制作流程、餐具的流动过程有关。一般的食物制作流程为：储藏区取出食材—食材清洗—加工制作—烹饪—出菜；而餐具的流动过程为：餐具取出—装盘—上餐桌—回收—洗消—储藏。

以包头宾馆中餐厨房流线为例，食材通过电梯运入后，先存入库房，冷菜所需食材须单独存放在冷荤间。餐厅接单后由工作人员将所需食材从库房取出，进行粗加工、细加工后送至烹饪区域。制备好的冷菜和烹饪完毕的餐食传至备餐间，由服务员送达餐厅（图4.34）。

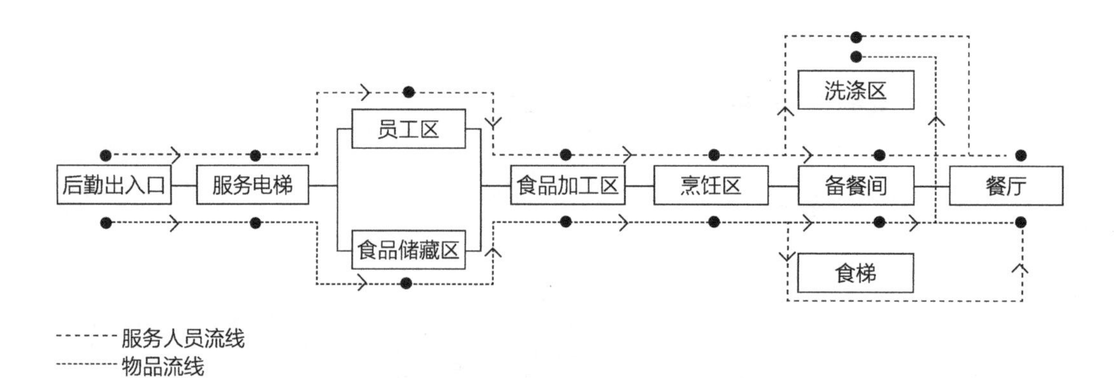

图4.33　厨房服务人员流线和物品流线分析

从餐厅回收的餐具经由洗消间清洗消毒后，一部分进行储藏，另一部分送至烹饪区、加工区、冷荤间、备餐间和餐厅等以供二次使用（图4.35）。

（2）人员流线

厨房的服务人员主要有厨师、服务员和洗消人员。厨师负责在储藏室和各类食品加工区域、烹饪区域进行相关的食物制备工作，将烹饪好的菜肴送至备餐间（图4.36）；服务人员主要在备餐间负责为客人制备酒水、传菜、催单和换餐具等工作（图4.37）；洗消人员负责回收餐具，收残，餐具的清洗、消毒与储藏工作（图4.38）。

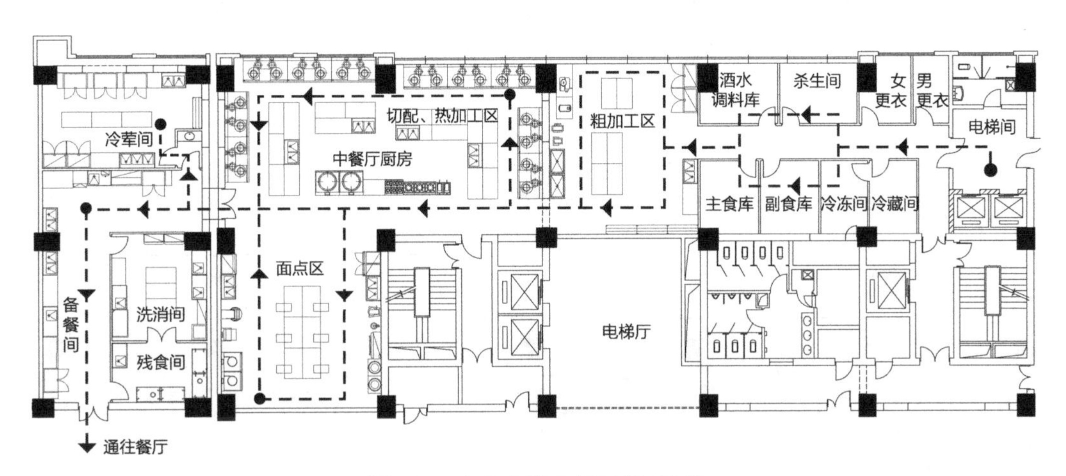

图4.34　包头宾馆中餐厅餐食流线

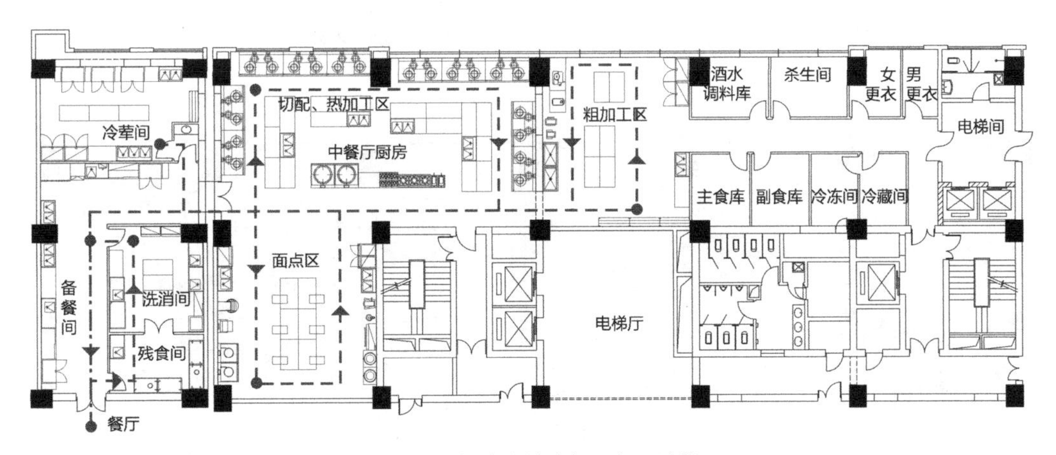

图4.35　包头宾馆中餐厅餐具流线

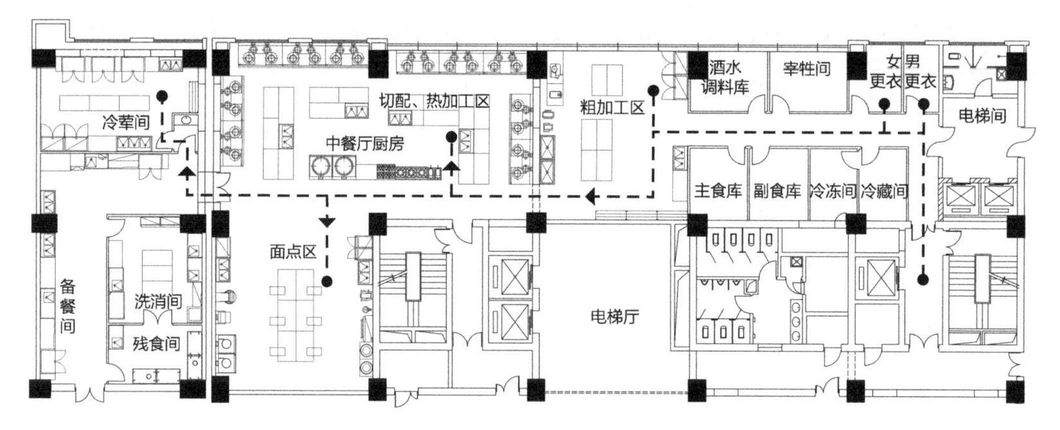

图4.36　包头宾馆中餐厅厨房厨师服务流线

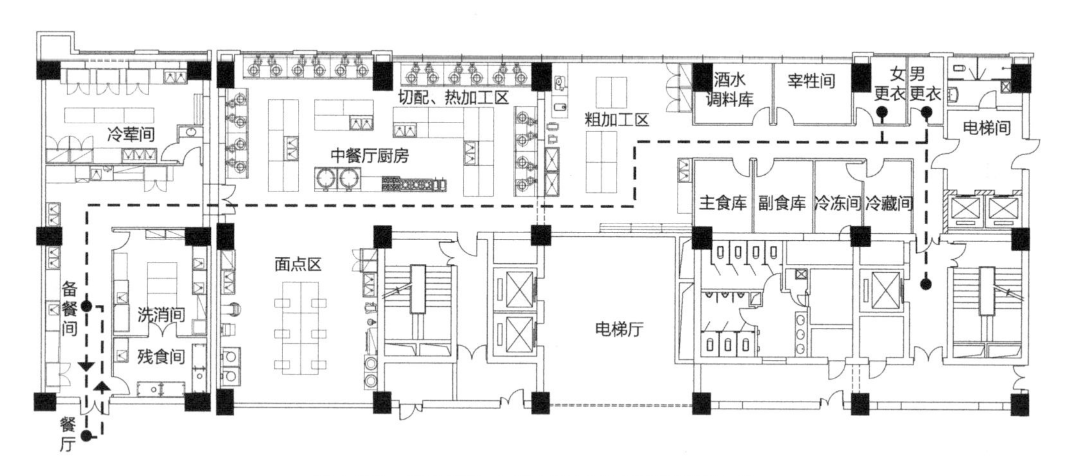

图4.37　包头宾馆中餐厅厨房服务员服务流线

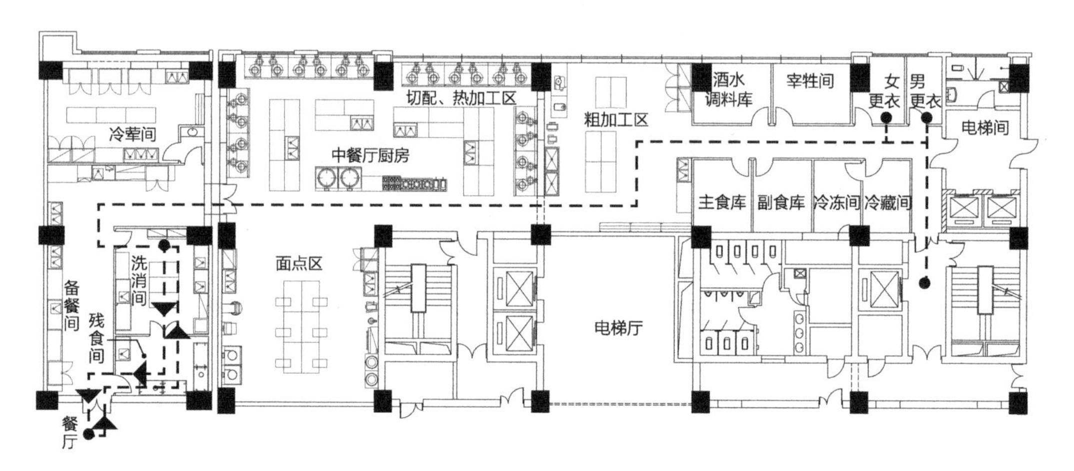

图4.38　包头宾馆中餐厅厨房洗消人员服务流线

4.2.4 厨房布置方式

酒店整体平面布局确定了餐厅和厨房的位置。在大中型城市酒店中，餐厅数量可能很多，厨房也不止一个，但往往会分为一个主厨房和几个简单厨房。常见的厨房布置形式有：适合小型厨房布置的统间式和适合大中型厨房布置的分间式（图4.39），以及部分大型厨房的布置采用的统分结合式。

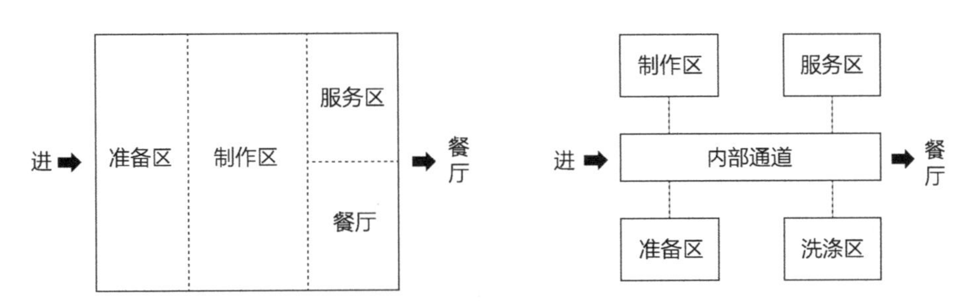

图4.39 厨房平面布置简要示意图（左图统间式，右图分间式）
（图片来源：中国建筑工业出版社，中国建筑学会. 建筑设计资料集（第三版） 第5分册 休闲娱乐·餐饮·旅馆·商业[M]. 北京：中国建筑工业出版社，2017：106.）

1. 统间式厨房

统间式厨房（图4.40）将食品的粗细加工、烹饪、主食制作等布置在一个大空间内，其优点是平面紧凑，联系方便，面积利用经济，也利于自然通风采光。缺点是流线容易交叉，容易相互影响，不便管理。在厨房面积有限或其平面布置呈条形的时候比较常见。值得注意的是，卫生条件要求较高的区域如冷荤间必须单独设立。

2. 分间式厨房

分间式厨房（图4.41）将食物制作的各个程序按照工艺流程依次布置在专门的房间，优点是各部分相互分隔，方便管理，且卫生条件较好，在厨房面积充足的前提下可以采用。缺点是流线较长，各部分联系不便，通风采光不好处理。为改善通风条件，除冷荤间、储藏间外，其他部分隔墙多做不到顶的隔墙。

3. 统分结合式厨房

统分结合式厨房（图4.42）是上述两种布置方式的结合。一般食物的切配及烹饪等过程多布置在大间，洗涤及点心制作等服务布置在小间，该方式在一定程度上集合了两种布置方式的优点。

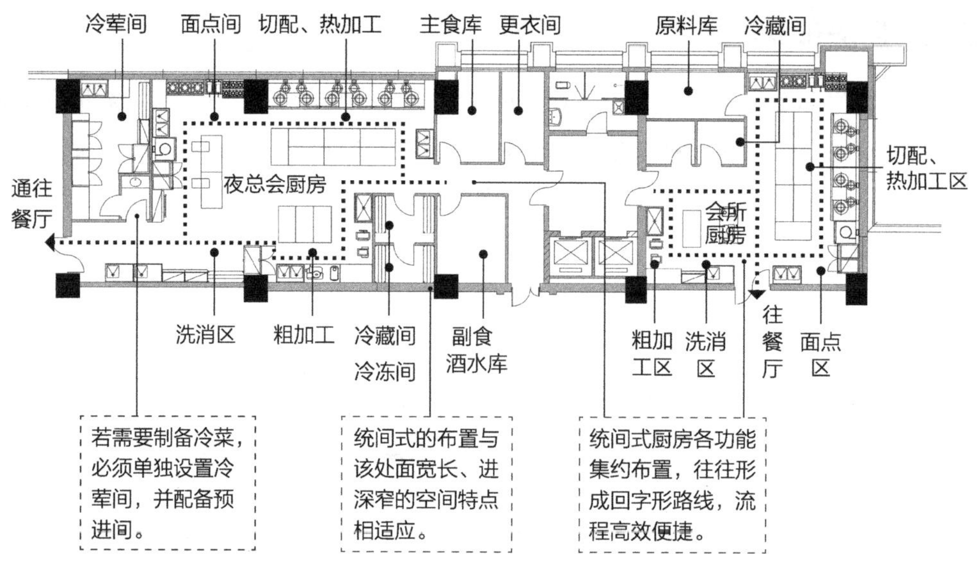

图4.40　统间式厨房的布置方式

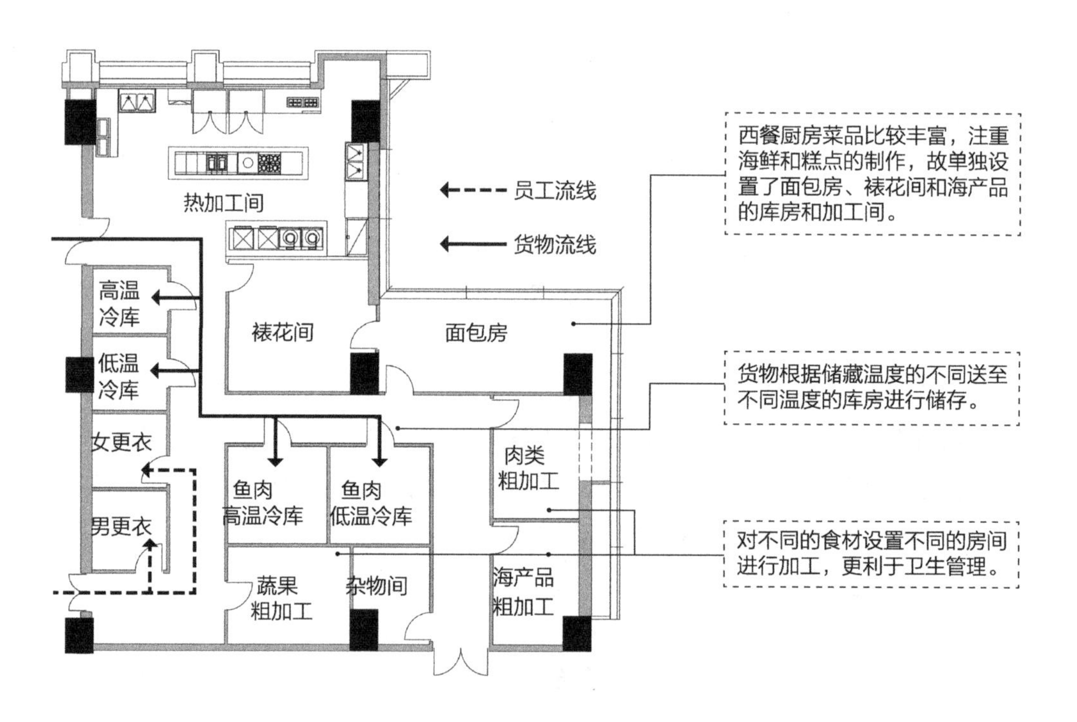

图4.41　分间式厨房的布置方式

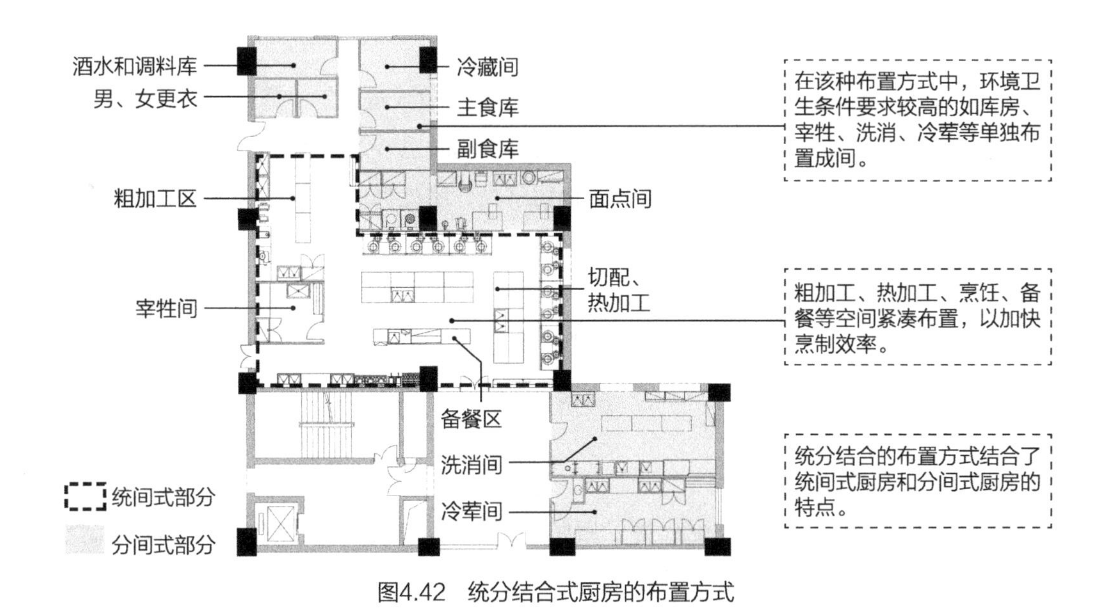

图4.42　统分结合式厨房的布置方式

4.2.5 厨房智能化

厨房的智能化是厨房未来的发展方向，目前在一些酒店已经初步实现，它让厨房经历了由粗放型到集约型的转变。智能化不仅让厨房告别旧时烟熏火燎的环境，还创造了前所未有的使用体验。它贯穿着厨房工艺的全过程，由单品的智能化不断转向系统的智能化，为厨房问题提供全方位的解决方案。

1. 采购与储藏智能化

（1）采购的智能化

基于大数据技术下的智能采购能及时地发现仓库中储藏食品的情况，临近食用期限、过期或需要补充的产品能由系统自动识别并进行提示，还能根据日期计算出最佳的货物选择方案提供给管理者，以实现物资的优化利用。

（2）储藏的智能化

库房里的货物可运用智能管理系统，建立库存物资信息管理数据库和信息采集模型，并运用RFID射频技术实现货物的追踪，在物资流动的各个环节做到规范管理，还可实现物资的智能预测、智能调取等功能。

少量食物存储可采用能联网的大屏智能冰箱。这种冰箱具有智能语音交互、在线自动订购食材、冷冻智能恒温等功能，食材送货上门后可联动智能厨具进行烹饪。

2. 食品加工智能化

过去米饭、馒头等主食需要事先手工制作成型，后放入蒸箱集中蒸制，耗时耗力且品质参差不齐，若引入主食自动生产线，品质稳定的同时也节约了不少时间和人力；蔬菜清洗切配的工作可交给新型洗菜机和数字化切菜机，经过机器加工，菜品不仅被清洗得干干净净，切出来的效果也比手工更快更好；传统的豆制品生产工序十分烦琐，空间占用比较大，对环境卫生的要求也很高，引入豆制品生产线能解决过去产生的大多数问题；还有面食醒发设备、成型机，等等，传统的手工作业正朝着机械自动化生产的方向转型升级。

3. 烹饪智能化

（1）智能化烹饪设备

炒菜机器人和电磁灶的搭配代替了厨师手工炒制的过程；智能化炉灶自动控制炒菜程序和调料配比，并根据烹饪过程自动调节火力，不用担心过火或火力不足等问题；以新型油烟净化一体机为代表的油烟净化系统不仅解决了过去油烟排放不畅、设备难清洗等问题，还可将油烟净化成清洁气体排出室外，对室内和室外的环境都更加友好。

（2）智能化烹饪系统

集传感器、Web应用、数据库、嵌入式等多种技术于一体，以大数据、物联网等技术为基础，将厨房系统与智能手机相结合设计出的智能化厨房烹饪系统，可实现对厨房的智能化管理，给厨师带来高效便捷的烹饪操作和人性化的工作模式。

厨房的菜谱在“云”上实时更新；切配、炸炒、蒸煮等操作工序可在智能程序的辅助下完成；烹饪过程中遇到任何问题系统都会及时做出反应。以半自动操作模式为例，厨师只需在终端下达指令，系统就会通过通信模块获取菜品的烹饪方法，并通过显示屏及语音与厨师进行交互，厨师在操作途中如果产生问题，系统就会自动查找最佳解决办法。系统还可根据顾客的反馈实行菜品的个性化定制。

传统的厨房会出现明火，带有安全隐患。对此，该系统配备了环境检测模块，作为整个操作过程中的安全保障。它时刻监测着烹饪环境的安全情况：平时各项环境参数可远程检测与调制；当意外发生时，险情触发传感器，系统立即进入紧急状态，并及时发送警报，迅速做出反应，从源头上扑灭险情。

该系统将大大提升厨房的自动化程度，改变传统菜品烹饪过程完全依赖经验的现象，增加烹饪过程的可操作性和安全性（图4.43）。

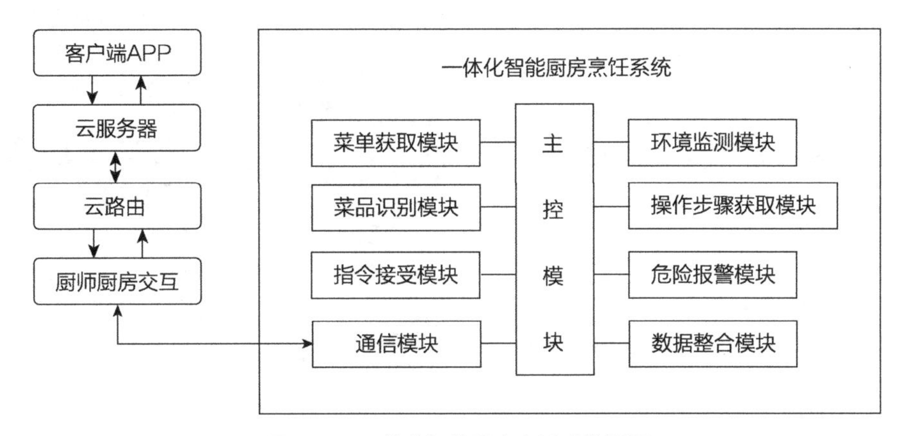

图4.43　一体化智能厨房烹饪系统框图

（图片来源：柳振宝，龚霞，陈晨，等．智能化厨房系统设计[J]．中国科技信息，2020（Z1）．）

4．洗消智能化

（1）餐具清洗

传统的洗碗机仍需要一定的人工操作，且耗时较长，步骤较多，而超声波全自动清洗设备大大改善了这些情况。

利用超频震荡发生器使液体分子高频振动的原理，新型液位传感器、新型清洗液和新型水加热器让餐具得到更彻底的洗消①；产品的操作面板更加智能，采用人机对话方式，可编程的程序控制和可视性强的清洗过程让餐具的清洗更加灵活可控；餐具一进一出全自动化操作，且清洗质量稳定；内置多重保护装置，设备安全系数更高；先进的干燥方式比传统的干燥方式更有效、更节能、更环保。

（2）环境清洁

一台集自动行进、清扫清洗、垃圾污水回收于一身的多功能电动清洗机可满足厨房环境的清洁需要②。其采用动力传动系统，可自动运行，省去了人工操作；所用能源为清洁的锂电池，节能环保；作业能力强，效率高于人工，能很好地满足厨房大面积的清洗需求和严格的卫生要求。

5．送餐智能化

不少企业在餐厨之间引入智能机器人，推出智能化送餐服务。

① 李智峰，施旗，汪兴，等．十二工位超洁净全自动超声波清洗机设计、研制与应用[J]．清洗世界，2011，27（08）：22-27，31．

② 黄培翔，王生业．XZ10型电动洗地机动力系统参数匹配及其性能仿真[J]．青海大学学报（自然科学版），2015，33（03）：6-11，23．

某著名火锅品牌的智慧餐厅引进了集传菜与接待于一体的机器人，深受消费者欢迎。该智慧餐厅的机器人能满足餐厅客人高频的服务需求，其内部运用了复合型定位导航技术，可以实现厘米级定位，做到精准送餐、准确服务，并能在送餐之前智能规划送餐路线，途中自动避开人和障碍物，安全性和稳定性具有保障。此外，该款机器人还具有语音、情感、情绪的识别和理解能力，可模拟人类的语气表情，与客人互动（图4.44）。

图4.44 某火锅餐厅智能机器人
（图片来源：https：//finance.sina.com.cn/stock/hkstock/ggscyd/2018-10-24/doc-ifxeuwws7726147.shtml）

4.2.6 厨房面积指标

1. 厨房面积的确定

厨房的面积包括各类厨房如中餐厨房、西餐厨房、特色厨房、咖啡厅及酒吧的制作准备间的面积，还包括与厨房有关的所有食品储藏库房、卫生间、走廊及一些管理用房的面积。厨房面积的确定与餐厅的规模大小（座位数）、类型定位、餐饮在酒店中的比例等因素有关，厨房面积一般不少于餐厅面积的35%，或按0.7~1.2m^2/餐座计算①。在高星级酒店中，厨房的面积较餐饮面积会有所减少，因为酒店建筑中餐饮环境的重要性突出，所以餐厨比会相对大些。

总餐厨比是酒店中各类餐厅、宴会厅、咖啡厅等所占的面积总和与各个厨房的面积总和之比。在我国，“总餐厨比”较国外更高。在高星级商务酒店中，总餐厨比一般在1：0.4~1：0.5之间，各餐厅的餐厨比一般在1：0.3~1：0.5之间②。表4.1介绍了各类专用厨房的餐厨面积比。

各类专用厨房的餐厨面积比　　表4.1

厨房类型	餐厨面积比
全日餐厅厨房	1：0.23~1：0.28
中餐厨房	1：0.24~1：0.33

① 中国建筑工业出版社，中国建筑学会．建筑设计资料集（第三版）第5分册 休闲娱乐·餐饮·旅馆·商业[M]．北京：中国建筑工业出版社，2017：106.

② 陈剑秋，王健．TJAD酒店建筑设计导则[M]．北京：中国建筑工业出版社，2016：128.

续表

厨房类型	餐厨面积比
西餐厨房	1：0.45~1：0.50
特色餐厅厨房	1：0.45~1：0.50
宴会厨房	1：0.45~1：0.65
总餐厨面积比	1：0.40~1：0.55

不同酒店的厨房面积指标有很大的差别，造成其差别的原因大概有四个方面。

①食物原料的加工程度。目前对食品原料的加工程度已经非常高，很多运入酒店厨房的食品原料已经加工到半成品的程度，省却了厨房内的粗加工步骤，因此这一部分的面积有减小的趋势。

②制作菜肴的种类。如中餐厨房的面积在餐厨比中所占比例一般较高。因为中式菜肴种类繁多，注重色、香、味俱全，盛放器皿精致讲究，制作工序繁复，所需面积较大。

③厨房所采用的设备。现代厨房所用的设备正走向专门化、智能化，且种类繁多。一般建筑设计师在厨房设计时必须与专业的厨房设备厂家联系，以确定厨房的面积满足各种专业设备的需要。

④管理方式。先进的管理方式可大大节约面积，而无序的管理会降低厨房的使用效率，从而增加面积。在管理方式方面我们还需要向国际上先进的酒店管理集团学习。

2. 各类专用厨房的面积指标

下面列举各类餐厅和其相应厨房的具体面积指标。

主餐厅：四星级及以上等级的较豪华酒店，主餐厅的每座面积大约需要1.8~2m^2，由于现在市中心的酒店餐饮大多也向社会开放，餐饮规模都较大，大致为1.5~2座/客房。在笔者调研的20座酒店中，主餐厅面积与客房数的关系见表4.2。

主餐厅面积与客房数关系 表4.2

客房数（间）	100以下	100~200	200~300	300~400	400~600
主餐厅面积（m^2）	90~140	180~220	150~320	230~290	190~560

主厨房：主厨房应当按工作负荷来决定面积。主厨房不仅要供应主餐厅，也可能要供应宴会厅、客房饮食等，如北京海航万豪酒店的厨房比主餐厅大33%。如果厨房仅供应主餐厅，其面积一般为餐厅面积的50%~70%，其与客房数的关系见表4.3。

主厨房面积与客房数关系　　表4.3

客房数（间）	100~200	200~300	300~400	400~500	500~600	600~700
主厨房面积（m^2）	50~140	70~340	100~290	120~320	150~480	240~390

糕点房：酒店里通常有各种类型的糕点房，一般分中式和西式。有的糕点房跟各自的中厨房和西厨房设置在一起，其面积指标为0.2m^2/客房；如果跟厨房分开设置，其面积约为厨房面积的20%。其与客房数的关系见表4.4。

糕点房面积与客房数关系　　表4.4

客房数（间）	200以下	200~400	400~600	600~800	800~1000
糕点房面积（m^2）	20~30	10~70	20~60	30~70	60~110

宴会厅：在所调研的酒店里，约有半数设有宴会厅，其面积定额为1~2㎡/客房。一般在宴会厅前均设置前厅，前厅设置休息等候区及衣帽间等，面积约为宴会厅面积的1/4~1/3。宴会厅面积与客房数的关系见表4.5。

宴会厅面积与客房数关系　　表4.5

客房数（间）	200以下	200~400	400~600	600~800	800~1000
宴会厅面积（m^2）	200~300	70~500	200~300	180~530	60~110

宴会厅储藏室：一般设置在宴会厅的后方隐蔽处，储存宴会用的桌椅器材，其面积与客房数的关系见表4.6。

宴会厅储藏室面积与客房数关系　　表4.6

客房数（间）	200以下	200~400	400~600	600~800	800~1000
宴会厅储藏室面积（m^2）	20~40	10~40	10~40	10~70	10~50

宴会厅厨房和备餐间：应设独立宴会厅厨房，并尽量在同一平面与宴会厅衔接，最好沿宴会厅长边布置，其面积约为宴会厅的30%。当没有条件设置宴会厨房时应设一定面积

的备餐间[1]，宴会厅的备餐间一般较大，配备有各种设备，如盘子加热器、加热供应台、冰箱、果汁机等，备餐间的面积随着备餐的不同功能而异，其面积约为宴会厅面积的23%。兼有备餐功能的服务通道净宽应大于3m。宴会厅备餐间面积与客房数的关系见表4.7。

宴会厅备餐间面积与客房数关系 表4.7

客房数（间）	200以下	200~400	400~600	600~800	800~1000
宴会厅备餐间面积（m^2）	30~70	0~110	40~90	20~120	＞140

咖啡厅：咖啡厅不仅提供咖啡等饮品，也提供一些西式简餐。所分析的30座酒店中63%设有咖啡厅，一般的面积指标为0.65m^2/客房，1.7~2m^2/座，其面积与客房数的关系见表4.8。

咖啡厅面积与客房数关系 表4.8

客房数（间）	200以下	200~400	400~600	600~800	800~1000
宴会厅咖啡面积（m^2）	100~150	70~260	100~200	100~280	＞230

咖啡厅厨房：如果咖啡厅不靠近主厨房，则通常单设咖啡厅厨房，一些工作量较大的饮食制作可向主厨房寻求支援，平时仅制作一些简单的餐食。其面积大约是咖啡厅面积的1/5~1/4，与客房数的关系见表4.9。

咖啡厅厨房面积与客房数关系 表4.9

客房数（间）	300~400	400~500	500~600	600~700	700~800	800~900
咖啡厅厨房面积（m^2）	10~50	20~50	20~60	10~80	30~60	60~90

3. 厨房面积的变化

随着功能分布趋于合理化，厨房部分功能的面积也起了相应变化。这里列举备餐间、副食加工区和冷荤间的例子进行说明。

---

① 中国建筑工业出版社，中国建筑学会．建筑设计资料集（第三版）第5分册 休闲娱乐·餐饮·旅馆·商业[M]．北京：中国建筑工业出版社，2017：93.

（1）备餐间的变化

形式的变化：在我国的酒店建筑设计资料中，对备餐间的叙述很少，只将其定义为餐厅的后台、厨房的出菜区，餐厅服务员到此取菜送至餐桌。现在备餐间的设计内容要丰富得多，一般备餐间内会放置一些酒水冷库、冰激凌机、果汁机（图4.45、图4.46），存放推车，还会设置一些餐具、调料的储物柜，甚至会暂时存放一些餐厅家具，因此备餐间已经发展为一条紧邻餐厅的备餐廊（图4.47）。

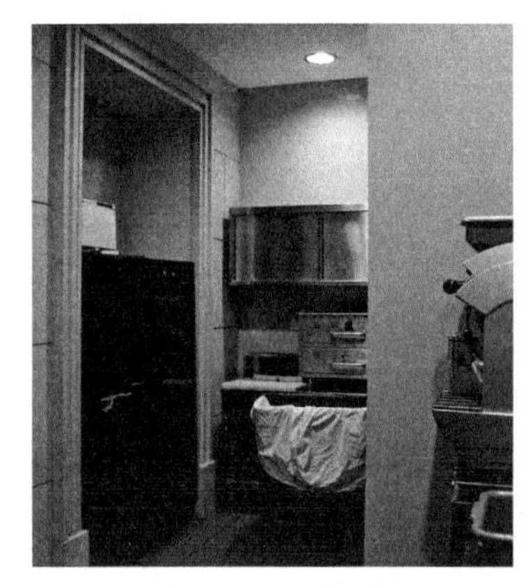

图4.45　北京饭店莱佛士备餐间

图4.46　北京海航大厦万豪酒店备餐间

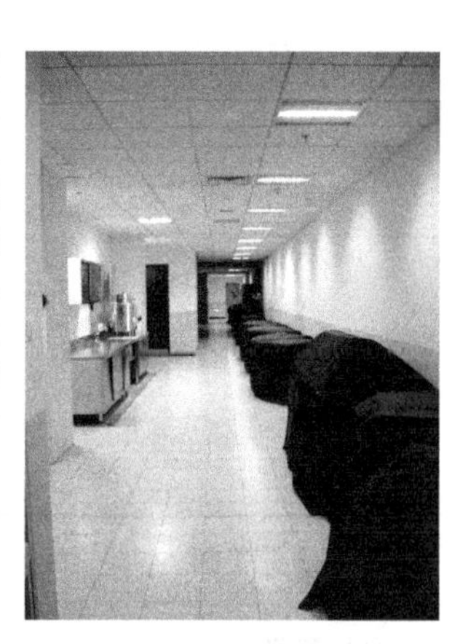

图4.47　北京海航大厦万豪酒店宴会厅备餐廊

面积的变化：备餐间的面积也发生了很大变化。《建筑设计资料集》（第三版）第5分册的旅馆建筑厨房面积参考指标中，餐厅的供应人数为600人时，厨房备餐间面积至少应为60m^2。在调研的多个案例中，备餐间的面积与供应人数的比例均大大超过了这一标准。

（2）副食加工区域的变化

一直以来，国外的食品原料加工程度较高，所需面积较小，而近年来我国食品原料的加工程度也在不断提高。在所调研的酒店中，均已除去家禽屠宰等粗加工区域，而改为购入各种半成品肉类，因此粗加工的面积有下降的趋势；细加工由于分工细化，如鱼类海鲜（图4.48）、蔬菜瓜果（图4.49）、禽畜肉类等都分设自己的加工区域，加工程度要求则越来越高，面积有增加的趋势。

（3）冷荤间的变化

冷荤间（图4.50、图4.51）在卫生方面有严格的要求，且需设置空调。随着生活条件的提高，顾客对于饮食卫生的要求越来越高，由于冷荤间提供的食物不再经过加热消毒，因此卫生问题便是设计的重中之重。

通过调研发现，目前酒店的厨房冷荤间大多设计了二次更衣间或是预进间（图4.52），二次更衣间紧邻冷荤间，工作人员在进入之前，首先进行二次更衣，然后进行严格消毒。设计中应设计独立出菜口，防止通过出入口传菜而影响卫生。

图4.48　北京瑞海姆田园度假村鲍鱼间

图4.49　西安禹龙国际酒店蔬菜细加工间

图4.50　北京京瑞温泉国际酒店冷荤间

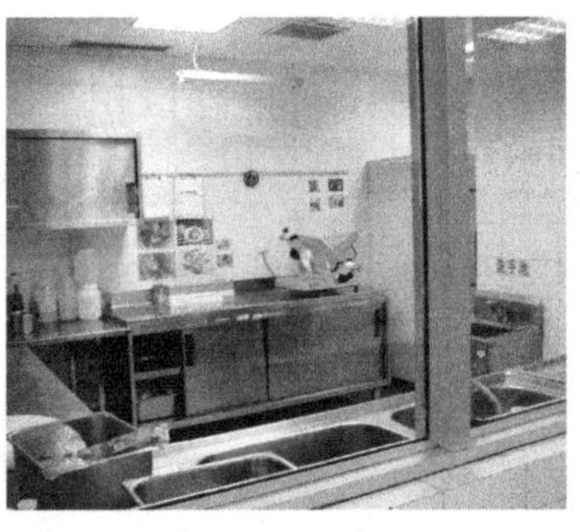

图4.51　西安禹龙国际酒店冷荤间

图4.52　西安禹龙国际酒店冷荤间二次更衣间

4.3 洗衣房设计

酒店为保证卫生条件和服务质量，需要每日更换酒店的客房床单、被单、毛巾、餐厅桌布、餐巾等，洗涤客人和员工的衣物。由于织物的洗涤量很大，通常设置自主经营的洗衣房（图4.53~图4.55）。

图4.53　北京海航大厦万豪酒店污衣区

图4.54　北京海航大厦万豪酒店洗衣区

图4.55　北京海航大厦万豪酒店布草库

酒店是否需要设置洗衣房、选择何种洗衣方式取决于酒店的规模和标准、经营洗衣店的成本及难易程度。酒店自设洗衣房的优势体现在可以更好地监控布件床品的循环使用情况，延长物品的使用寿命，减少布件、各种织物的备品量，并且运行成本相对较低。缺点是洗衣房噪声大、有振动，增加了漏水和火灾的可能性。一般中等规模的酒店都自设洗衣房。

在酒店设计中，一般将洗衣房设置在最底层，以降低噪声和振动对公共空间和其他空间的影响。洗衣房的干洗、水洗服务与顾客无直接接触，是通过服务人员收集整理的。与公共区和客房区直接接触的前台需要设置一定的后勤服务空间，联系后台的洗衣房，共同完成洗衣服务。

4.3.1　洗衣房设计原则

1. 位置合理

洗衣房内的洗衣设备数量众多，运行中会产生大量噪声和废气，会对环境产生较大的污染。因此一般不把洗衣房设置在人流集中的公共空间及客房附近，以避免对其产生影响。一般将洗衣房设置在酒店的地下层，与设备机房一起设置，面积受限制的情况下也可在主体建筑外单独设置。

2. 根据工艺流程进行明确的区域划分

洗衣房设计必须与洗涤的工艺流程相一致，洗衣房内的各种设备按照洗衣流程摆放。洗衣房内可分为脏污衣物分类区、干洗区、湿洗区、布件库、修补区、办公区等区域，各区域之间应划分明确，各区域的位置与洗衣流程协调一致。

3. 洁污分区

洗衣房设计中很重要的一点是要注意脏污布件与洁净布件的分离。洗衣房一般设脏污布件入口和洁净布件出口，两个出入口分设在洗衣流程的两个尽端，洗衣过程中不允许脏污布件与洁净布件交叉混杂。

4. 保护环境

洗衣房在工作过程中会产生噪声、废气和污水，对洗衣房工作人员的影响很大，对周围环境也会产生不利影响。因此在洗衣房设计中应保持良好的通风、排气、排水，提供良好的采光条件，地面应注意防滑设计。室内装修应选用一些隔声材料和吸声材料进行隔声吸声处理。设备之间留出足够的操作空间，以保证员工的正常工作。

4.3.2 洗衣房流线设计

洗衣房部分由洗衣设备房、洗衣房办公、库房及制服间等房间组成，各部分之间应联系方便。洗衣房一般由专业的洗衣房工程师来设计。酒店内部客房和餐厅的脏污衣物由服务人员收集起来后通过各层的污衣井或服务电梯运送至洗衣房进行集中清洗与整理。将脏污衣物进行分拣后再进行干洗或水洗，然后再烘干、折叠、整理，最后通过服务电梯运到布草库，再从布草库送至各层客房及餐厅（图4.56）。从整个流程看，分拣区域宜靠近污衣井布置；折叠整理区域宜靠近服务电梯布置；员工的制服间应靠近洗衣房布置，制服间在平面布置时最好向内凹，以便员工在走廊上领取衣物时不会影响走廊的正常交通；另外由于洗衣房与客房清理部办公室之间的关系密切，应相互毗邻设置。

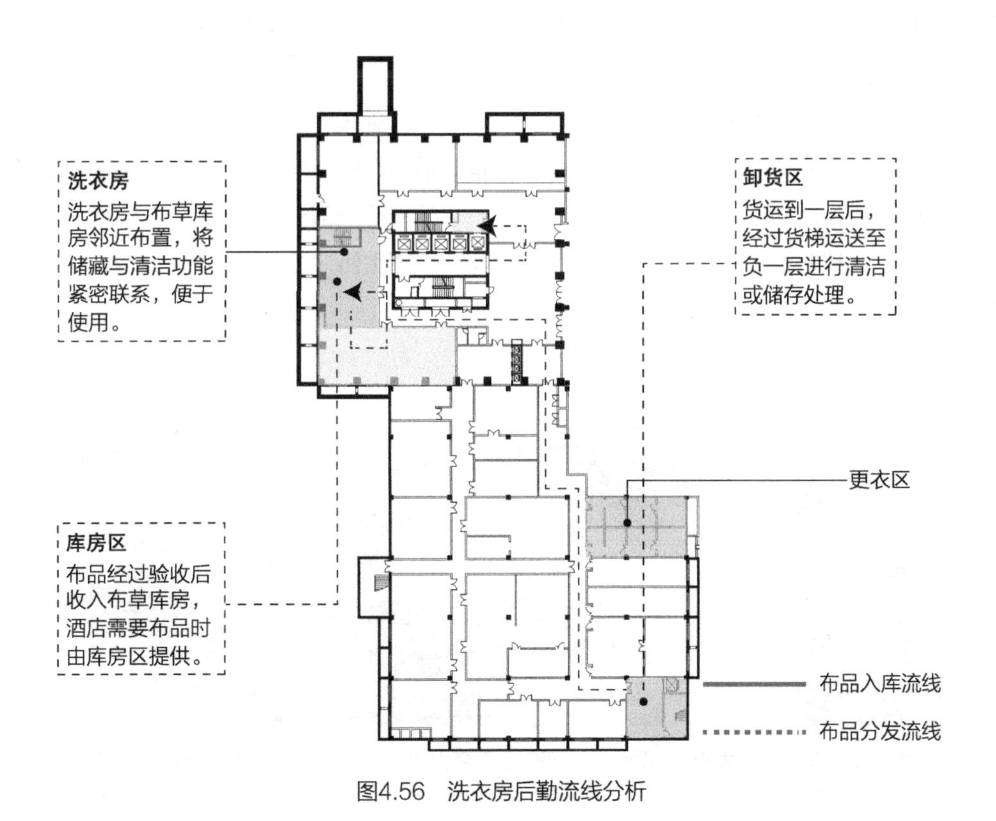

图4.56 洗衣房后勤流线分析

洗衣房内布置洗涤间、布件库、整理室、办公室等，各部分之间应该联系方便（图4.57~图4.59）。洗衣房的功能空间布置特点是：平面布局遵循洗衣工艺流程；宜将工作人员入口、污衣入口、净衣出口分开设置；避免洗衣房的振动及噪声对客房产生干扰。

例如新乌兰国际大酒店的洗衣房设置在地下一层，脏污衣物通过服务电梯、楼梯和污衣井从客房区和公共区收集并运输到污衣储藏室（图4.60）。衣物进入洗衣房分拣区进行分类后，根据洗涤方式的不同在水洗区和干洗区处理，清洗过后的衣物在烘干区和熨烫区进一步加工，最后在折叠区整理干净，分发到各个部门。员工的制服通过洗衣房的洗涤后放入制服房存放和分发，制服房宜设置在邻近员工更衣室的位置以便领取制服。

4.3.3 洗衣房布置方式

1. 洗衣房洗涤工艺流程

洗衣房的平面布置应按工艺流程设计，分设工作人员出入口、污衣入口和洁衣出口，避开主要客流路线。洗衣房的洗涤内容分为水洗、干洗两种。水洗的流程为：初步清洁—去污—水洗—脱水—烘干—熨烫—整理—装袋；干洗的流程为：清理污渍—干洗—熨烫—折叠—打包。洗衣房整体工艺流线见图4.61。

脏污衣物布件通过专门入口进入洗衣房，首先进入脏污衣物区进行清点、打码以及分类处理。客房的床单、被单、枕套、毛巾、浴巾、浴衣，餐厅的桌布、餐巾、部分员工制服和客人衣物用水洗方式。客人的西服、大衣、羊毛制品及部分员工制服用干洗方式。水洗时以洗涤剂水洗去污，干洗时用挥发性溶剂与洗净剂去污。分类后的布件及衣物用运输小车分两路送到湿区和干区进行处理（图4.62）。

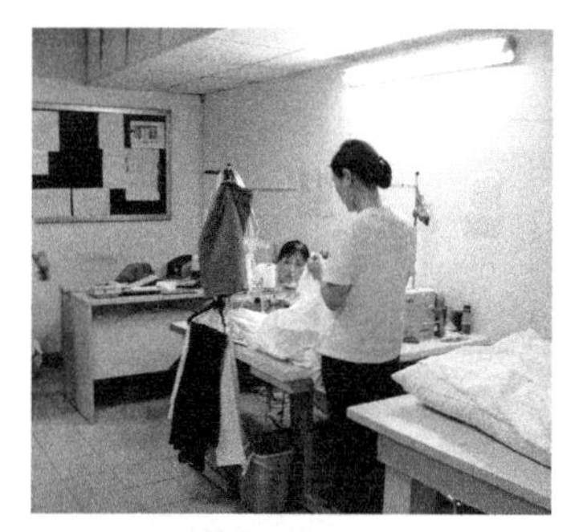
图4.57 西安金花豪生国际大酒店洗衣房整理室

图4.58 西安金花豪生国际大酒店洗衣房布草库

图4.59 西安金花豪生国际大酒店洗衣房窗口

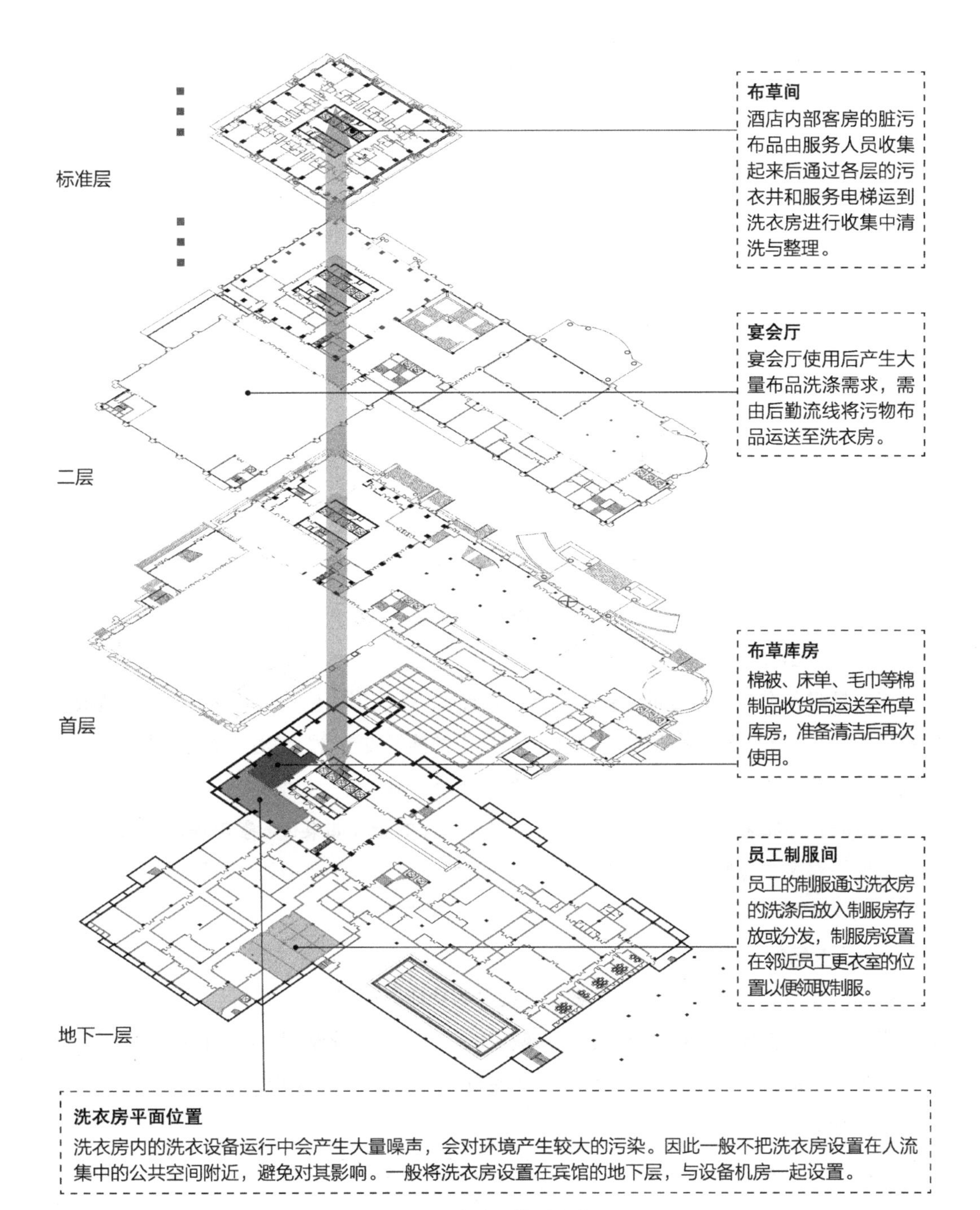

图4.60　洗衣房后勤垂直交通图

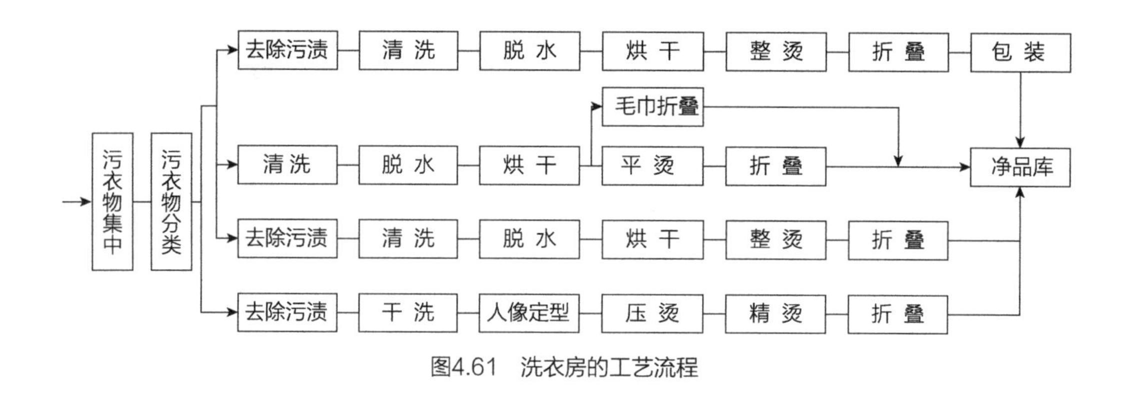

图4.61　洗衣房的工艺流程

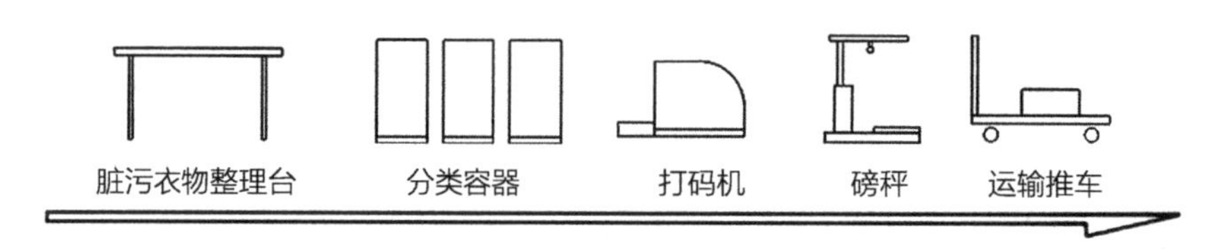

图4.62　脏污衣物清理区流程及设备设置示意图

干洗是避免水洗对衣物面料造成伤害，不缩水，不变形，色泽保护性好，不易造成衣物褪色，手感柔软，便于熨烫并能彻底清洗衣物上的油污或污渍。高档面料的客人西服、大衣及部分职工的制服需要采用干洗方式。工序主要分为预处理、主洗涤和后处理（图4.63）。

客房的布件如床单、被单、各类毛巾，以及餐厅的布件如桌布、餐巾等多采用水洗的方式。操作程序主要为：检查分类、浸泡洗涤、脱水甩干、湿定型处理、烘干晾干、后处理（图4.64）。

2. 洗衣房的功能组成

根据工艺设计和酒店运营的要求，洗衣房的功能空间设置为分拣区、洗涤区、烘干区、熨烫区、折叠区、净衣存放区、统一配送区、办公室、化学用品房、压缩机房等。洗衣房的统一配送区可单独设置一个房间，方便员工统一配送（图4.65）。

（1）分拣区

分拣区主要负责衣服处理前的分类工作，位置通常设置在污衣井的出口处或洗衣房的入口处。

（2）水洗区和干洗区

水洗区和干洗区是衣物的洗涤区，位于分拣区附近。清洁区入口处设置称重设备，根据规划要求确定清洁设备的容量，放1~2台大型设备。布置设备时，最好将洗衣机、脱水机、干洗机排成直线，便于操作。

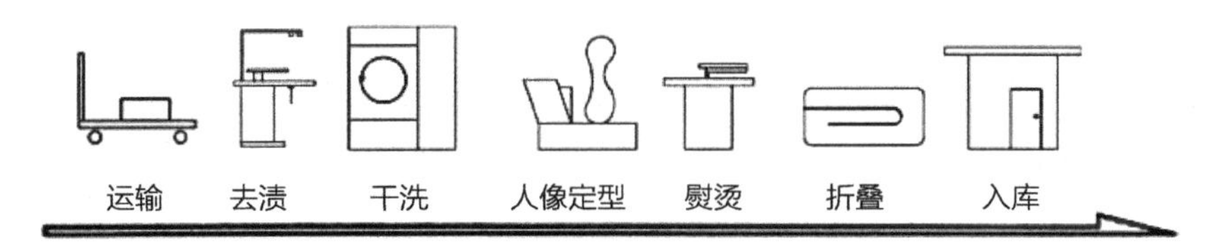

图4.63　干洗区流程及设备设置示意图

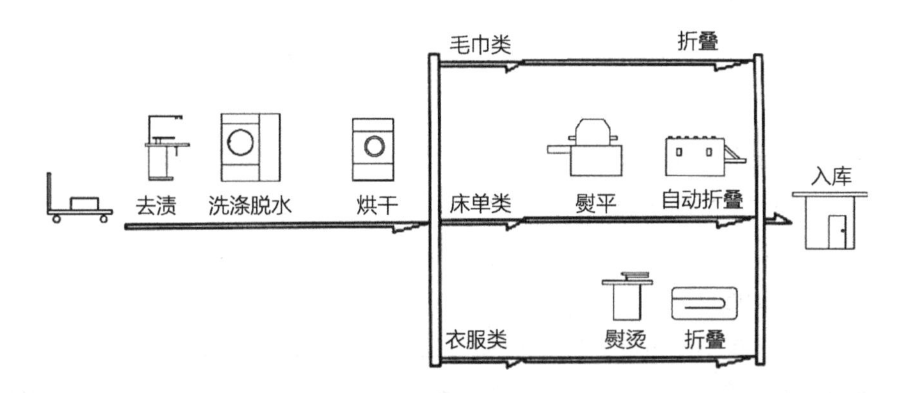

图4.64　湿洗区流程及设备设置示意图

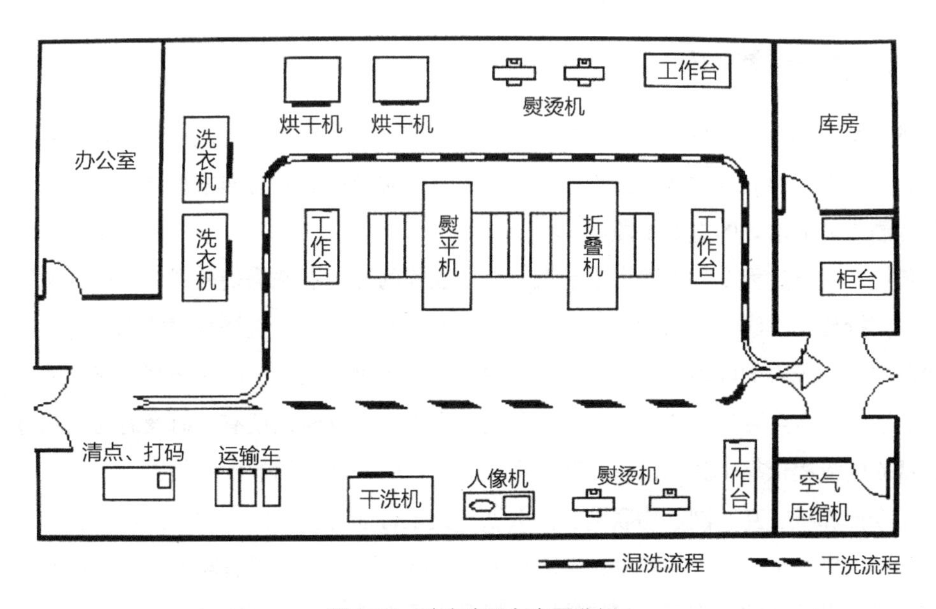

图4.65　洗衣房设备布置分析

(3)烘干区

烘干区主要为清洗后的衣物提供烘干工作，位于水洗区附近。烘干区集中布置，便于操作。烘干机应配备防火外壳，并在设备后部预留至少0.6m的维修通道。

(4)熨烫区

熨烫区主要负责衣物的熨烫工作，位置靠近清洗区和烘干区。星级酒店设计指引要求熨烫区要处理60%～70%的洗涤量。

(5)折叠整理区和洁净衣物存放区

折叠整理区为衣物洗涤完成后的折叠工作提供空间，并在工作区内提供折叠台，折叠台靠近洁净衣物存放区。洁净服存放区是处理过的衣物发放前的临时存放区，靠近折叠区。

(6)办公室、化学用品房和压缩机房

洗衣房办公室位于洗衣房附近或作为洗衣房的一部分，主要负责监督和管理。办公室设有玻璃窗，加强对工作区的监管，并采取隔声措施，隔绝洗衣房的噪声。化学用品房是洗衣房储存洗涤剂等化学品的功能性房间。压缩机房是为洗衣设备提供压缩空气的机房。

(7)制服发放区

制服发放区主要功能为员工制服的存放、缝制和发放，可作为洗衣房的一部分使用，也可单独设置为制服室，靠近员工更衣室。该区域通常设有统一的存储空间、缝纫空间和配送台。可在顶棚上安装滑轨运输制服。可提供缝纫机、打标机、装订机等设备。发放台窗口宜朝向服务走廊，设置在凹面内，避免发放工作对走廊交通产生影响。

4.3.4 洗衣房智能化

酒店每天都有相当可观的洗衣量，尤其是大型酒店。洗衣房在人力资源和能源上面的消耗相对较大，因此优化洗衣的工序，节约成本，对酒店的效益非常重要。未来洗衣房智能化是酒店节能增效的重要手段。

传统的洗衣过程全程需要人手动操控，从衣物的分类、洗涤剂放置、按键旋钮等，离不开人工操作；洗涤过程的判断，如衣物量与洗涤剂的比例、洗涤程序的选择、水量的多少等基本是基于人的经验进行；洗涤过程中需要有人进行监管，防止出现洗涤故障；洗涤完毕后洗衣机自身发出提醒，若人不在附近，则需自行计时以便有人时及时对衣物进行处理。洗衣的流程依靠单独的设备，其使用受人工、时间和空间的限制较大。

而今计算机、互联网、物联网、大数据与人工智能等技术的应用，给后线服务区域洗衣房的洗衣模式带来极大的转变：洗衣房的设计将由过去注重设备功能转变为注重用户的使用体验，以全新的操作模式将传统洗衣提升为智能洗衣，传统的洗衣房也将由单一的区域加设备的组合扩展到多角色联动的智能洗衣空间或智能洗护系统。

1. 基于智能计算的智能洗衣机

智能洗衣机是以智能计算为平台，洗衣机为载体，产品技术、控制技术、人机交互技术和物联网技术为支撑，触控操作系统为媒介的全新洗护产品[①]。产品在完善洗衣机硬件技术的同时，更注重优化用户洗衣过程的体验。相比传统洗衣机，智能洗衣机的优势具体体现在以下几点。

（1）智能控制

用户与设备的交互方式由传统的按键旋钮等硬件变成触控屏和全软件操作界面；内部搭载的语音识别技术让用户凭语音即可实现操控；在运行中可根据环境变化或历史信息等自行对洗衣参数进行调节。

（2）智能通信

仅需联网并进入软件登录，即可在云端实现洗衣信息的多人共享；用户亦可通过软件远程操控洗衣，消除了时空的限制。

（3）智能检测

机器的故障可由系统自动监测并及时反馈至用户端，还可提出维修方案，省去了人工检修的麻烦。

（4）智能节能

在洗衣的过程中通过计算分析衣物量信息，自动实现洗衣程序和水量的最优调整，节水省电。

2. 基于深度学习算法的智能洗衣系统

该洗衣系统采取一种新型洗衣模式，将洗衣机与远程服务器端连接，由洗衣机负责采集洗衣箱内的衣物图像信息并发送至服务器，搭载深度学习算法的服务器根据洗衣机传来的衣物信息制定洗衣方案并传回终端，由洗衣机执行洗衣方案。该智能洗衣系统不仅解放了双手，更免去了人脑在把衣物扔进洗衣机以后的思考过程，做到了“解放人脑”。由于深度学习技术在图像分类的识别能力上能够达到与人眼相当的程度，因此将其与传统的传感器配合，能让洗衣机获取更确切的衣物信息，制定更精确的洗衣方案，从而代替人工操作。经过进一步发展，该系统还能收集用户的各种洗衣数据，为将来洗衣机智能算法的优化提供大数据支持[②]。

3. 基于大数据的洗衣空间设计

（1）大数据的类型及作用

大数据的类型有以下几种：一是传统企业数据，主要是酒店掌握的与洗衣房产品、

---

① 李存．智能洗衣机软件用户界面的体验设计研究[D]．无锡：江南大学，2015.

② 曾磐．基于深度学习的智能洗衣机系统构建[D]．深圳：深圳大学，2017.

客户有关的数据；二是通过互联网连接、传感器采集并上传的洗衣机洗衣行为数据；三是通过广泛追踪并收集互联网的社交软件、电商等平台的洗护信息与洗衣产品动态。其中，后两种类型的数据对酒店后线服务区域洗衣房区域的优化作用较大，体现在：①系统收集洗衣机的洗衣数据并上传分析，比如对同一种织物的不同清洗方式进行收集与比较，为特定织物制定更具保护性的清洗方式[①]；②通过收集互联网上各地用户最新的洗衣趋势、产品信息，可以为酒店后线服务区域洗衣房机型的更新和服务的优化提供依据。

（2）智能洗护空间的设计

与传统的洗衣房空间划分类似，智能洗衣空间分为预处理台、洗衣模块、干衣模块、护理模块、储物空间。[①]如无人为操作，传统的洗衣区域之间是互不联系的，而智能洗衣空间不同模块之间的信息通过设备不停的交换，洗衣行为可以不间断进行，无需人的参与。洗护空间内置智能控制中心，材料不足、湿度变化、特殊衣物的处理信息都能通过该中心及时上传到互联网并发送至手机终端，以提醒管理人员，做到洗衣空间的远程实时监控。

4. 智能衣物追踪

客户入住酒店最关心的一个问题是床单被罩是否更换并清洗过，以往这个答案无从得知，而一个叫“净放芯”的项目的推出给消费者带来了答案。

“净放芯”首先在西安与超过50家酒店合作，在酒店布草中植入智能芯片，入住客户扫描布草芯片上的二维码即可查询布草的清洗状况，监督酒店进行“一客一换”的布草更换工作。通过将物联网技术的RFID芯片与移动互联网的二维码相整合，可形成两网合一、两码合一的一体化智能芯片，并与云端平台数据相连接，使每一件酒店布草都有了唯一的“身份标识”[②]。

另一方面，智能布草大大优化了洗衣房对酒店布草的管理。在为每件布草赋予了“身份标识”后，后线工作人员得以对布草的清洗次数、使用周期、存储定位等信息进行智能监控，也有效防止了酒店布草或是顾客衣物的丢失。

4.3.5 洗衣房设备、空间及面积指标

1. 洗涤工作量的估算

酒店洗衣量的估算非常重要，决定了酒店是否应该设洗衣房，以及洗衣房的设备应如何配置。根据调研，我国城市酒店的洗衣情况为一人一洗，两三天一洗，而国际上是一天一洗，相对来说，我国城市酒店洗涤量要小一些。结合该实际情况，可采用以下标准为我

---

① 周敏宁，曹鸣．基于大数据的成长型智能洗衣空间模块设计研究[J]．艺术百家，2017（5）．

② https://m.21jingji.com/article/20180824/herald/b369aaa676c6030de8847a68a91ea3eb.html

国城市酒店洗衣量的估算依据：

豪华酒店：6~7.5kg/（间·日）；舒适级酒店：4.5~5kg/（间·日）；经济级酒店：3~4kg/（间·日）；社会酒店：2~2.5kg/（间·日）。

总洗衣量的计算公式：

$$每小时总洗衣量（kg/小时）=\frac{每天每间客房洗衣量\times 客房间数\times 7天}{洗衣房一周工作时间（小时）}\times 客房出租率^{①}$$

2. 洗衣房设备及空间指标

洗衣设备应该根据酒店的规模、洗涤量及洗涤的种类来综合选择。选择洗衣设备时应注意洗涤、脱水、干燥等各种设备的平衡，配套合理，有利于洗衣工作效率提升。

酒店内的洗涤类型可分为干洗和湿洗两类。客房及餐厅的布件多为湿洗，某些员工的制服以及一些客人的高档衣物采用干洗。

（1）湿洗主要设备（图4.66，表4.10）

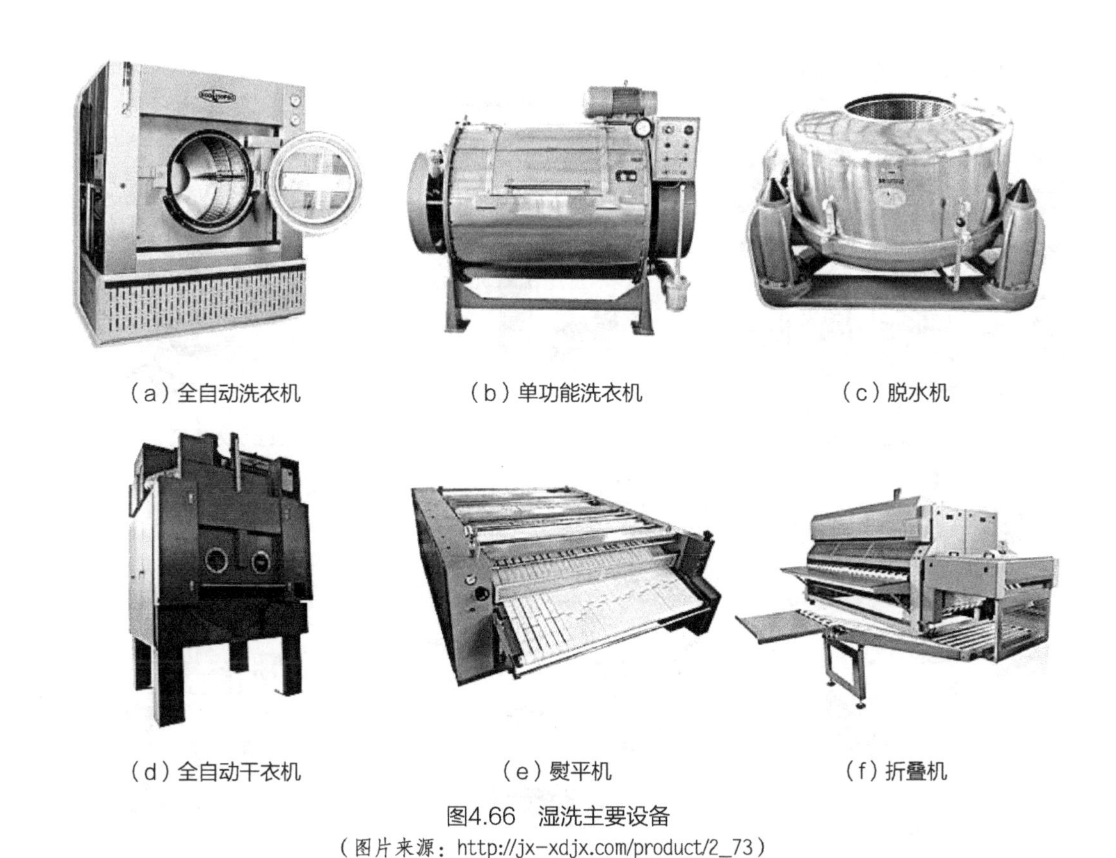

（a）全自动洗衣机　（b）单功能洗衣机　（c）脱水机

（d）全自动干衣机　（e）熨平机　（f）折叠机

图4.66　湿洗主要设备

（图片来源：http://jx-xdjx.com/product/2_73）

① 唐玉恩，张皆正．酒店建筑设计[M]．北京：中国建筑工业出版社，1993：258.

设备规格尺寸 表4.10

名称	额定容量	外形尺寸（mm）		
		L	*W*	*H*
全自动洗衣机	100~200kg	2600	2300	2400
单功能洗衣机	46kg	1060	1620	1475
脱水机	60kg	1860	1500	870
全自动干衣机	50kg	1570	1300	2070
熨平机	3000m	1540	4050	1390
折叠机	3600m × 3300m	4940	2530	1930

（2）干洗主要设备（图4.67，表4.11）

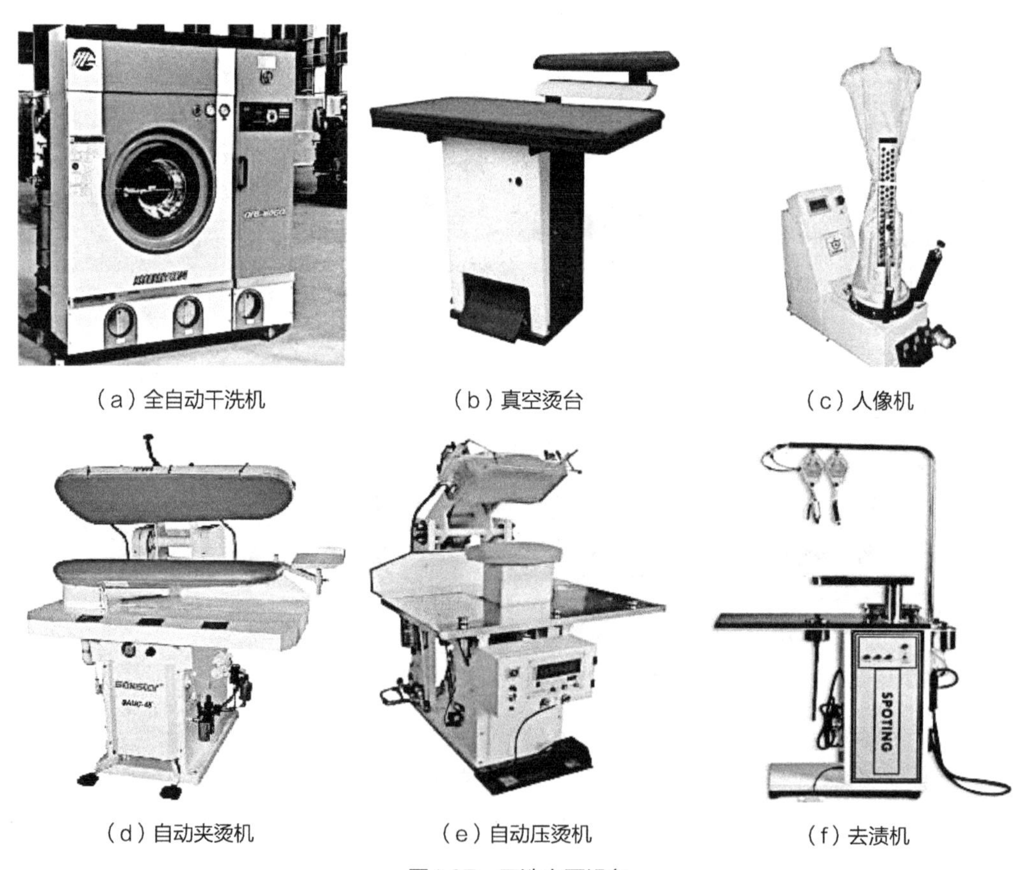

（a）全自动干洗机 （b）真空烫台 （c）人像机

（d）自动夹烫机 （e）自动压烫机 （f）去渍机

图4.67 干洗主要设备

（图片来源：http://www.chengdezhenhong.com/product_lb-6.aspx）

设备规格尺寸　　表4.11

名称	额定容量	外形尺寸（mm）		
		L	*W*	*H*
全自动干洗机	20kg	2000	1975	2150
真空烫台	—	1400	960	1050
人像机	—	1300	540	1550
自动夹烫机	—	1200	1400	1400
自动压烫机	—	1200	1400	1300
去渍机	—	1200	1400	1800

3. 洗衣房面积指标

酒店是否经营洗衣房，需要分析全套洗衣业务的费用、送出去洗衣的费用、当地人工的工资、布件的使用年限、洗衣房面积等众多因素。总体来说，客房数在200间以上的适合自设洗衣房。

洗衣房是酒店后勤区域重要的组成部分，其面积配置有较严格的要求。一般取决于酒店客房数量的多少、餐厅（宴会厅）规模的大小及洗衣量、洗衣设备的选择等。在《建筑设计资料集》（第二版）中，建议洗衣房的面积应按0.7m^2/客房来设置，一般为0.5~1m^2/间，一般酒店规模越大，所需的洗衣房面积指标越小（表4.12、表4.13）。

洗衣房面积参考表　　表4.12

酒店名称	面积指标	酒店名称	面积指标
喜来登酒店管理集团	1m^2/间	美国SOM建筑设计事务所设计的酒店	0.9m^2/间（300间）
希尔顿酒店管理集团	0.75m^2/间（800间）		0.75m^2/间（500间）
新加坡万达利公司	0.5m^2/间		0.63m^2/间（1000间）
TIME-SAVER	0.65m^2/间（100间）	广州花园酒店	0.49m^2/间（2140间）

来源：《建筑设计资料集》编委会. 建筑设计资料集（第二版）4[M]. 北京：中国建筑工业出版社，1994: 177.

布草库一般紧邻洗衣房，设置有管理员办公室、清洁布件存放的库房及服务员来领取布件的柜台窗口。通常也会有缝纫机及织补工作台。各种工作服的存放和分发也在此进行。布草库的面积为0.2~0.4m^2/客房（表4.14）。除布草库外，客房标准层每层均设有临时存放客房所需布件的布草房。

洗衣房面积与客房数关系　　表4.13

客房数（间）	200以下	200~400	400~600	600~800	800~1000
洗衣房（m^2）	40~70	60~200	80~240	150~300	180~350

布草库面积与客房数关系　　表4.14

客房数（间）	200以下	200~400	400~600	600~800	800~1000
布件库（m^2）	7~60	20~100	30~130	50~160	80~200

4.4 货物流线设计（卸货区、库房、垃圾房）

酒店在日常运营中会有大量货物进出需求，大中型酒店专门设置物品流线，既有水平流线、又有垂直流线。为保证后勤运输货物、设备与垃圾出运的效率及安全卫生，设货物入口、卸货台和货运电梯，避免与客人流线交叉或兼用入口，从而保证各类货物顺畅运入、垃圾及废弃物顺畅运出，不致造成二次抛洒和污染。货物流线涉及区域包括卸货区、储藏间、垃圾房，本节将分别进行阐述并分析智能化。

4.4.1 卸货区

目前我国的酒店大多将收货区设在厨房附近，这对餐饮部来说非常便捷，但对于洗衣房、客房清理部或者一些分类储藏室等部门来说路径较长。餐饮部是每日进货量最大、最频繁的部门，将收货区与厨房的后部联系设置还是比较合理的。

1. 卸货区设计原则

货物装卸区是指各类货物及家具、设备的出入口（图4.68~图4.70）。通常酒店的装卸区设置在总厨房附近，方便运输，提高工作效率。一般设置货车车位、装卸平台、登记及采购办公室等。在设计货物装卸区时，应考虑到货运车辆车身尺寸大、转弯半径大等特点，设置专门的进出口、货车车道的停车位等。

根据货物装卸程序，货物管理办公室需要设置在卸货平台附近，主要负责货物的验收和登记，可与收货值班室合并提供保安服务。之后再将货物搬运至收货区（图4.71）。大

图4.68　北京海航大厦万豪酒店卸货平台

图4.69　北京瑞海姆田园度假村货物入口

图4.70　北京饭店莱佛士货物入口

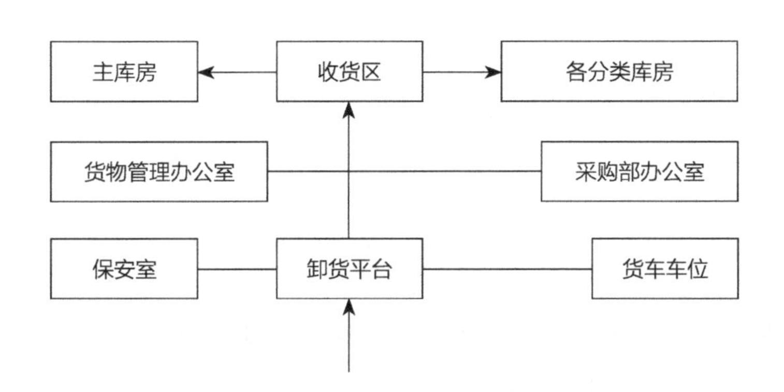

图4.71　卸货区功能关系图

多数货物收货以后会被立刻运送到主储藏间，但收货区域也提供暂时性的储存空间。负责检查货物质量和数量的收货室与货物入口紧密联系，采购部的办公室也多在此区域设置。如需运到其他楼层，则卸货区附近应安装货物电梯（图4.72）。

收货区域最好为封闭的空间，以方便检查货物，保证货物安全。收货区与仓库最好直接用走廊相连，走廊宽度不宜小于2m，以方便运输。卸货平台的最小宽度是2m，这个宽度是两辆运输车的最小宽度，平台高度与车尾板高度相同，为1.2m。

酒店的取货处及收货区需要有明确的进货口与外运口，货物出入口与垃圾出口应该分开设置。卸货平台最好设橡胶保护措施，避免货车停靠平台时的碰撞，地面材料应该经久耐用，易于清洁。货物装卸区的位置应该便于货车到达、掉头及停放，并尽量减少与其他公共流线的交叉。由于卸货场地往往会产生噪声，应将其与需要安静的环境（比如员工服务区）隔离开来。

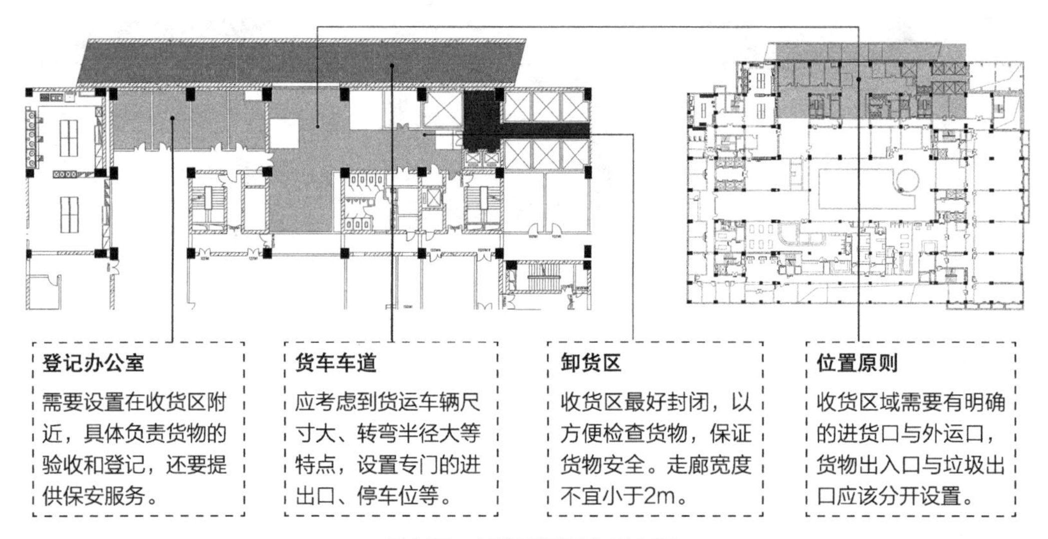

图4.72　卸货区平面布局分析

2. 收货区面积指标

收货区的主要功能为对货物如食品、饮料、客房布件及其他供应品进行发货单检查、过磅、计数和检验等流程。涉及的工作流程为：接收单据、验收货品、填写单据、收货检查。这些货物放在收货区里暂存，整理验收完毕后送到各类储藏室。通过调研多家酒店得出收货区面积与客房数关系如表4.15，总体指标接近0.15m²/客房。

收货区面积与客房数关系　　表4.15

客房数（间）	200以下	200~400	400~600	600~800	800~1000
收货间（m²）	5~30	15~50	20~65	30~80	50~120

城市大中型酒店需要较大面积的储藏区域，包括用于储藏各类物品的库房。这部分一般由酒店的供应部负责，其按照酒店的日常消耗与需求来采购各类所需品，并在登记后分类放置于各类库房。

4.4.2 库房

1. 库房的分类

酒店的库房可分为两类：总储藏间和分散库房。

（1）总储藏间面积较大，一般为存放电器、剩余家具等各类物品的区域。根据实际使用情况，可作为各分类库房的暂存区域。

（2）各种分散库房包括厨房的食品库房、酒水饮料库房、调料库房、器皿库房（图4.73~图4.75），宴会厅附近的家具库，洗衣房附近的布件库，客房部的日用品及消耗品库，管理部门的文件档案库等。该类库房一般分散设置于所服务部门的附近，储存物品明确。

2. 库房设计原则

（1）就近设置各种分类库房。例如，厨房存放食材和设备器具的仓库，其位置应当邻近货物出入口以方便货物运输并避免与其他流线产生交叉。按照货物储藏的种类，货物储藏区可分为食品原材料储藏、酒水储藏、器具储藏等。食品原材料储藏又分为常温储藏和冷藏两种。

（2）不同种类库房应有不同的设计重点。

干货储藏应有良好的通风、防湿、防鼠处理，并注意朝向，以免室温过高使食物变质。室内墙面、地面应选用易清洁的材料。

鲜货储藏如鸡、鸭、鱼、肉等易腐食品应冷藏在冷藏库或冰箱中，冷藏库及冰箱的门不宜朝热源方向。 蔬菜一般为当天处理，若需短期存放，应设木架分层放置，以免因堆压而发热变质。为了食品卫生和使用方便，须分设若干个冷藏库和冷冻库，将各类食品原料、半成品和成品存于不同的冷藏库和冷冻库。

餐具库应靠近备餐间、厨房及餐厅，并设碗架、碗橱。在高级酒店中常使用的餐具为瓷器，因其容易破损，应设置瓷器库专门存放。

干货库主要用于粮食、调料等不需要冷藏的食品储藏，为常温储藏。

（3）注意特殊库房温湿度的要求，保证规定的恒定温度与湿度，可设外廊环绕，有利于建筑的节能与安保。

在圣山国际大酒店厨房地下层平面中，采购部办公室位置邻近货物运输垂直交通核，以方便货物运输与检查入库。按照货物储藏的种类，货物储藏区可分为食品原材

图4.73 北京海航大厦万豪酒店玻璃器皿库

图4.74 北京饭店莱佛士总冷库

图4.75 北京瑞海姆田园度假村总酒水库

料储藏、酒水储藏、器具储藏等，按照功能流线合理布置在厨房及收货间办公室周围（图4.76）。

3. 库房物流与储藏的智能化

（1）库存智能管理系统

建立基于大数据的后线服务区域智能化库存管理系统是一个重要趋势。运用大数据技术，建立库存物资信息管理数据库和信息采集模型，实现后线服务区域库存的优化管理。在物资的采购、入库、验收和配送的各个环节能利用系统进行实时查询，做到每一件货品都可追根溯源；还能在物资消耗无几或是邻近使用期限之前发出提醒，以实现库存信息的实时掌控。凭借信息管理上的巨大优势，该系统大大提高了物资运转的效率。

（2）库存预测

酒店库房储存物品需要投入大量的成本，仅靠人工管理判断库存物品的种类及数量是否足够、需要多大的储存空间将耗费大量的人工劳动。将各种物品以合理的方式储存并有序地编号放置，已极大地方便了物品的调用，但并不能解决所有问题。储藏不是静止的，酒店的库存随服务消耗变动。物流信息更新的频率，影响到酒店服务的流畅程度和库存空间的优化程度。

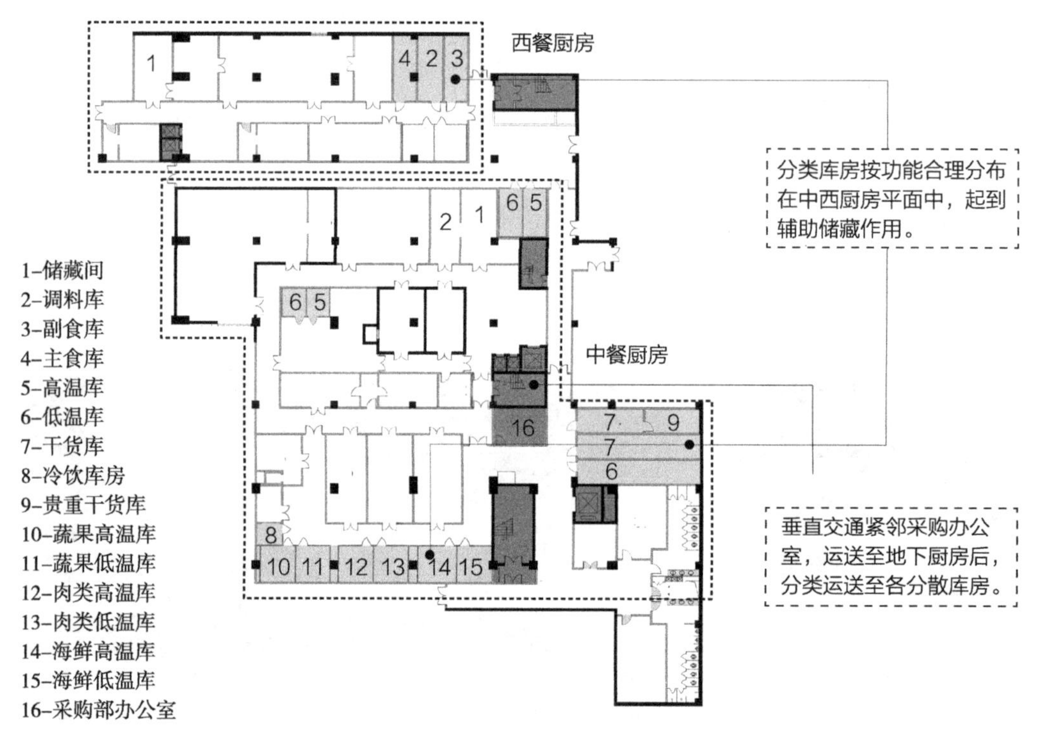

图4.76　厨房各库房位置布局分析

智能库存通过建立实时模型，通过酒店后线服务中物品使用情况的特点，预测未来的使用量，制定需要的库存量，保证合理的储备，从而实现对库存的智能管理。智能库存系统利用网络数据库实现了数据的充分共享，能及时、准确地了解货物的库存信息及货物的使用情况，从而能对现有的库存进行合理的调配，避免了无端的货物积压和短缺。智能库存的实现象征着智慧酒店的到来，有效避免了货物堆积造成的资金周转停滞、库存空间浪费。库存管理的智能化、信息化、现代化，突破了人工限制，实现了库存的流动，空间得以充分利用。

（3）智能订货

传统酒店库房依靠工作经验、对市场规律的把控、对酒店服务需求的预测来决定订货方案，但是有实效性的限制。人工清点货物入库后，定时仍需对货物进行清点补充，频繁的人工操作应寻求可替代的智能操作方法。智能库存在物联网技术下与供应链对接，充分发挥物联网的智能化与信息化优势，通过将产品生产、运输、分销的相关信息同步到采购方手中，围绕核心企业，从消费者的角度出发，将供应商、运输商、采购方连成一张整体功能网，增强企业间的协同合作，实现酒店库存、管理员工与酒店服务需求产品供应链的无缝衔接。

智能订货功能在智能管理的基础上，从为酒店订货提供决策支持的角度出发，考虑多种影响库存因素，将运筹学中的库存理论应用到实际问题中并得到具体的智能订货方案，从而优化库存管理，实现在满足酒店服务需求的前提下，尽量降低库存成本的最终目的。智能订货系统以对酒店经常需要的物品种类的熟悉度已经可以自行制定订货方案，或者对某种新的订货需要多方案对比选取最优解，为酒店决策提供数据支持，同时节省大量人工制定预案再进行方案预算比对的时间。

4. 库房面积指标

酒店的库房面积与酒店规模、等级和服务种类有关。酒店的豪华程度越高物品种类越多，库房的面积相应也会增加。我国酒店设计规范中提出高级酒店库房面积指标为1.5m²/间，中档酒店为1.0m²/间，经济型酒店为0.5m²/间。[①]

厨房储藏室：该储藏室为厨房的总储藏室，用于存放各种调料、蔬菜、乳制品、肉类等，内部有各种货架、冰箱和冷库。通过调研多家酒店得出厨房储藏室面积与客房间数的关系如表4.16所示，面积指标约为0.37m²/间。

① 唐玉恩，张皆正．酒店建筑设计[M]．北京：中国建筑工业出版社，1993：266.

饮料储藏室：饮料储藏室应与食品储藏室分开设置，以保证可靠的控制。酒类价值较高的，需单独储藏并加锁，不同酒店有饮料储藏、酒类储藏等不同的名称，本书分析时都按饮料储藏室进行考虑。通过调研多家酒店得出的饮料储藏室面积与客房数关系如表4.16所示。

库房面积与客房数关系　　表4.16

客房数（间）	200以下	200~400	400~600	600~800	800~1000
厨房储藏室（m^2）	15~60	20~110	30~130	60~150	210~240
饮料储藏室（m^2）	5~20	15~30	20~40	20~50	50~60

4.4.3 垃圾房

1. 垃圾房的分类与功能组成

垃圾房分为常温垃圾房、低温垃圾房等，也会按照垃圾种类分别设置干、湿垃圾房，并设置可进行回收的空瓶间、纸箱间等。食品垃圾通常在冷藏室存放，以避免食物发霉对环境卫生的影响。

垃圾房一般由罐桶清洗区、分类回收储存区、垃圾冷藏室、垃圾压缩区等功能空间组成（图4.77）。在罐桶清洗区须有清洗设施和带地面排水的洗涤场地，以便清洁与消毒垃圾桶。在分类回收储存区须设有专门的不锈钢垃圾分拣台和不同分类的垃圾筒，以便对垃圾进行分类处理。根据卫生要求，酒店须对湿垃圾进行冷藏处理，设置专门的垃圾冷藏室，防止产生异味。为了减少垃圾储存体积，酒店可视条件设置垃圾压缩区，采用垃圾压缩机实现垃圾压缩。中大型的垃圾压缩机压缩容量大，需要设置专门的卸料平台。不同的品牌酒店对垃圾房有相应的设计要求。

2. 垃圾房设计原则

（1）垃圾间尽量靠近服务电梯和垃圾管道设置，运输过程要迅速，路线便捷，以减小垃圾运输对室内环境的影响。

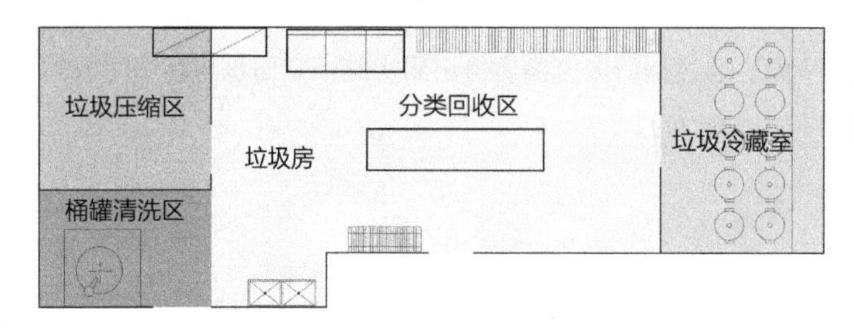

垃圾房一般由罐桶清洗区、分类回收储存区、垃圾冷藏室、垃圾压缩区等功能空间组成。

图4.77　垃圾房分区分析

（2）为了保持酒店环境卫生，避免与顾客有所接触，酒店的垃圾处理流线需要强调独立性和隐蔽性。垃圾出口在酒店主入口视域之外，避免影响观瞻。

（3）垃圾出口与货物出入口宜分开设置。若两者的卸货平台一起设计，应注意将卸货平台处的洁污流线分开设置，避免垃圾流线与食品原料流线的交叉。垃圾房还须设有地面排水，保持场地卫生环境。

乌兰国际大酒店的垃圾房设置在货物出入口处，方便垃圾的运输。酒店的垃圾通过垃圾筒进行收集，运至垃圾房储存。储存时对垃圾进行分类回收，干垃圾存放在垃圾储藏室，湿垃圾存放在垃圾冷藏室（图4.78）。

3. 酒店垃圾处理流线

酒店的垃圾一般分为餐饮垃圾、工程垃圾和普通生活垃圾。酒店针对上述三种垃圾，通常设置垃圾房来回收暂存，再由指定单位负责运出。垃圾房由于暂存大量垃圾，应重点

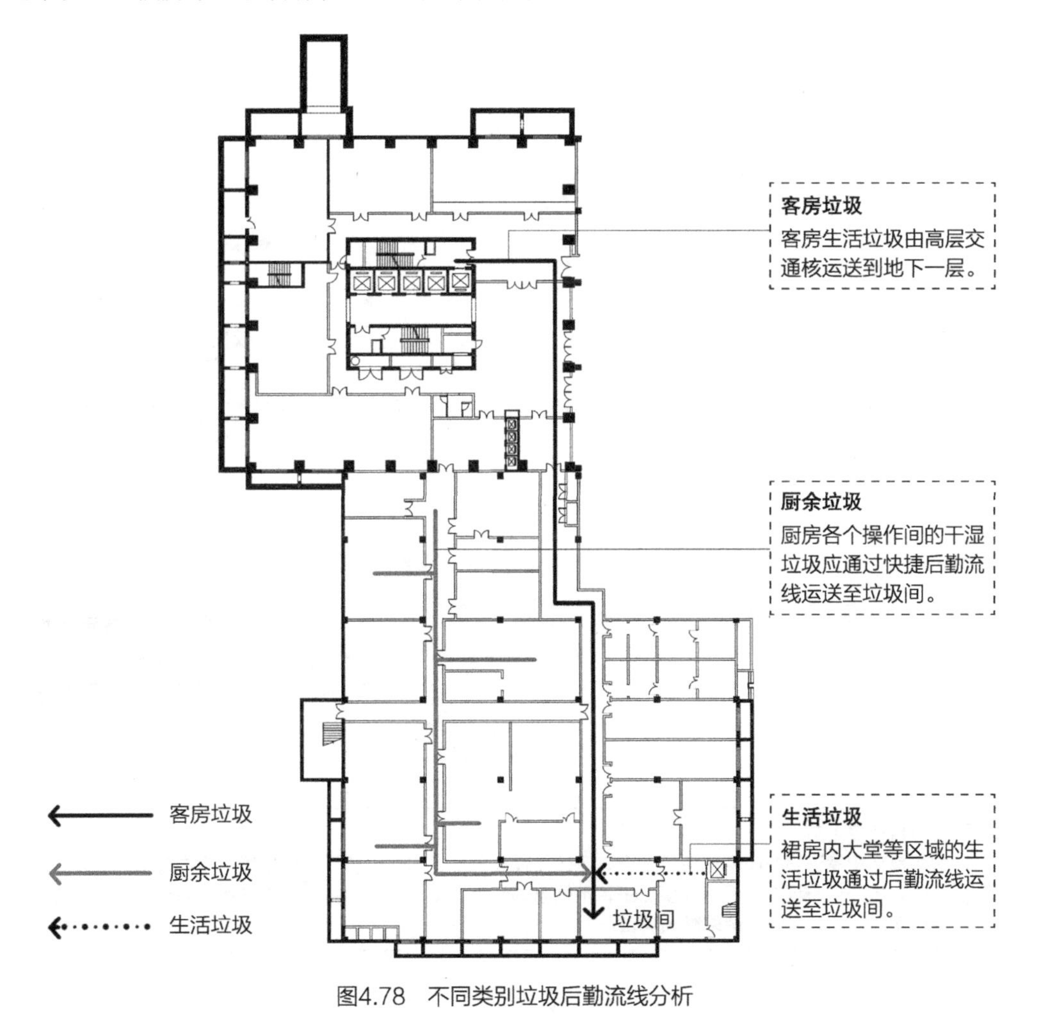

图4.78　不同类别垃圾后勤流线分析

考虑卫生影响。在乌兰国际大酒店后线区域设计中，高层部分及公共区域垃圾经由核心筒货梯运送至地下一层，餐厅及宴会厅区域的厨余垃圾由角落货梯运送至地下，统一在垃圾房进行回收处理（图4.79）。

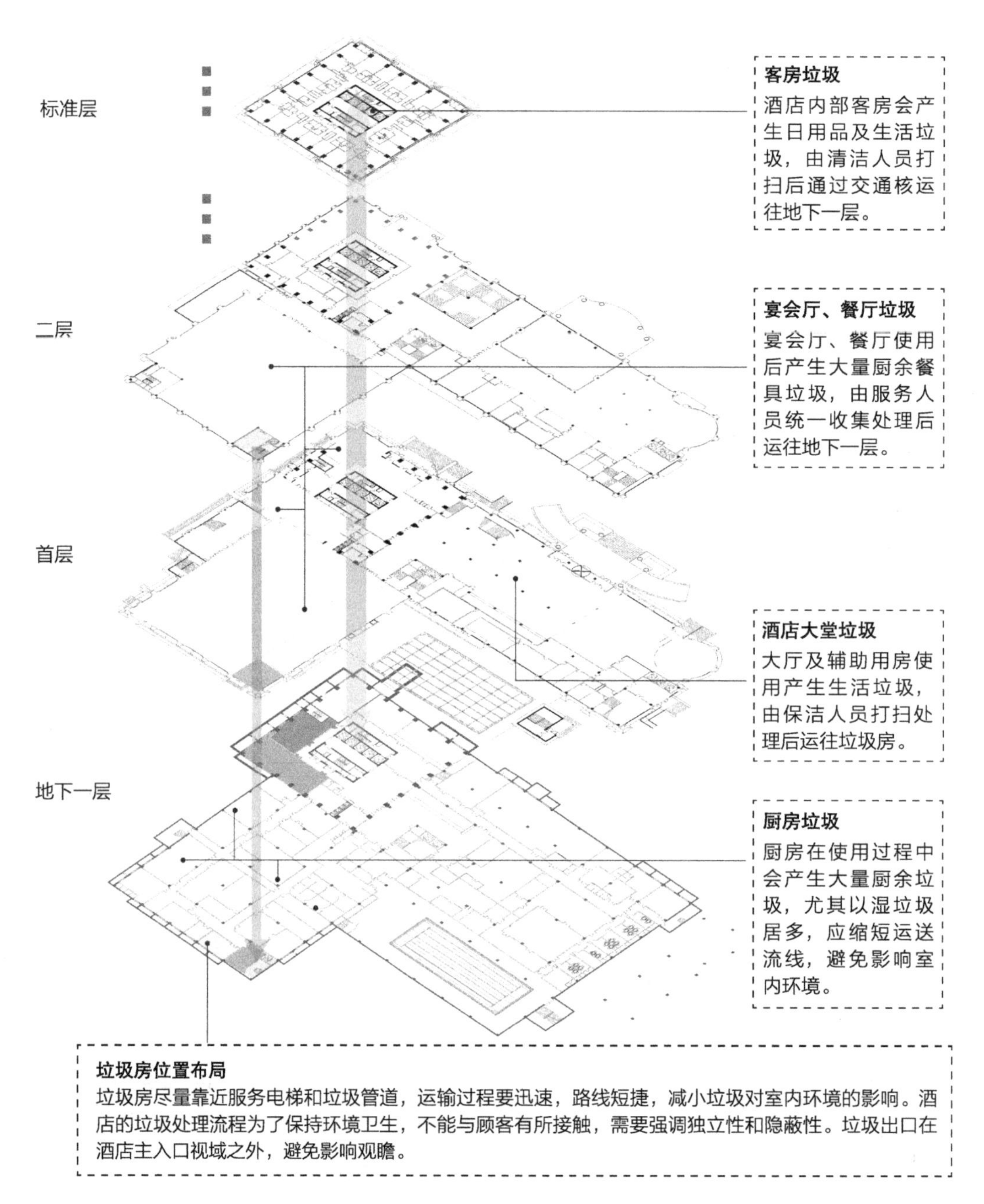

图4.79　垃圾后勤垂直交通分析

酒店的垃圾收集方法有两种：第一种是垃圾浆碎系统，可用于厨房和洗碗处的食物残渣处理，或用于文件票据的处理；第二种是垃圾袋和垃圾箱，可用于收集酒店各区域的垃圾，便于将垃圾集中搬运到垃圾处理区（图4.80~图4.82）。

图4.80　北京海航大厦万豪酒店干垃圾间

图4.81　西安金花豪生国际大酒店垃圾间

图4.82　西安禹龙国际酒店垃圾间

酒店的垃圾处理方法也有两种。第一种是分类收集、循环利用。垃圾是丰富的再生资源，大约80%的垃圾可以作为潜在的资源重新利用。因此，分类回收废旧物资进行再生利用是目前较理想的垃圾处理方法，它既节约了自然资源又防止公害。酒店在收集垃圾时应进行分类，提供不同的容器容纳废品，对可回收的材料提供再循环储存房间。以厨余垃圾为例。厨余垃圾可回收利用，作为动物养殖产业的饲料原材料。国外会利用粉碎机对其进行粉碎，然后随水流集中，脱水形成固态垃圾，便于储藏及运输。

第二种是压缩冷冻储存。考虑到垃圾处理区的卫生环境，酒店应对储存垃圾的空间提供低温条件，并且设置垃圾压缩机，把垃圾压缩压实，以减少存放空间和运送垃圾的次数，降低处理成本。

目前大中型城市酒店的高层客房层通过垃圾管道或者服务电梯将垃圾运送至回收处。各类垃圾在垃圾回收处进行分类后等待运出。

4. 垃圾房面积指标

在调研中有1/3的酒店没有专设垃圾间，因此，在经过资料查询和整理可知，酒店垃圾房一般的面积指标是0.06m^2/客房（表4.17）。使用垃圾压缩设备将减小垃圾间的面积。

垃圾房面积与客房数关系　　表4.17

客房数（间）	200以下	200~400	400~600	600~800	800~1000
垃圾房（m^2）	5~10	10~20	15~30	20~35	25~40

4.5 行政办公区设计

酒店的办公区是酒店的管理指挥中心，一般分为前台办公和行政办公两大类。它们紧密配合，制定标准，监察和统筹酒店的一切运作。

前台办公区一般设置在酒店大堂区域（图4.83），主要设置的功能空间有办公室、服务领班办公室、行包房、会计部、电脑房、登记台等。

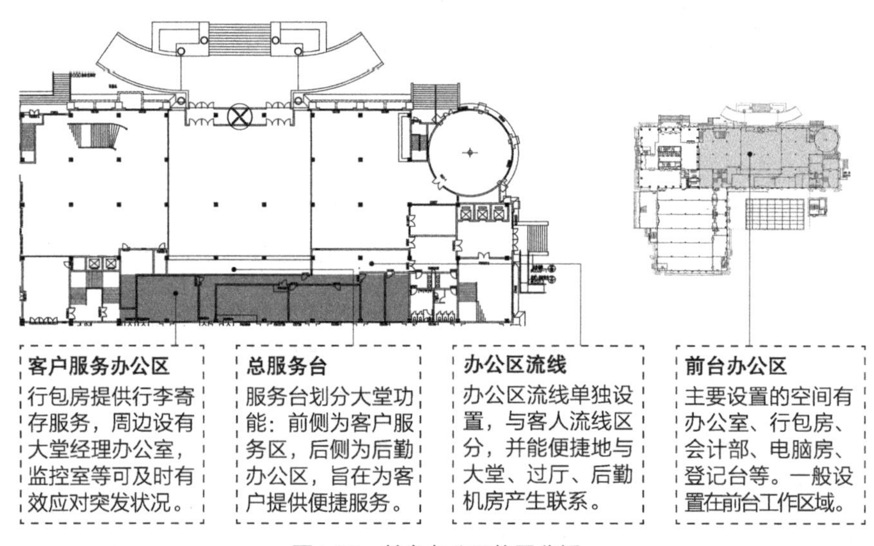

图4.83 前台办公区位置分析

行政办公区按工作性质来讲大致可以分出会计部、销售部、招采部、客房部、餐饮部、人力资源部、保安部、工程部等。会计部的工作职能为管理酒店财务收支及营业成本核算与控制，并监督各部门的财务使用状况。销售部的工作职能是酒店知名度的宣传推广，最大限度地扩大酒店的影响面，并根据市场整体动向确定酒店的市场形象，扩大知名度，吸引消费人群等。

4.5.1 部门组成

从酒店的组织结构图中可以看出酒店的高层员工为总经理、副总经理以及经理秘书等。中层员工为各个部门如会计部、销售部、客房部、餐饮部、公关部、人力资源部、保安部、供应部的员工。基层员工为各个具体工种服务人员。

1. 行政办公区

酒店的高层领导办公、部门经理办公、人力资源部及财务部等多集中在酒店的专门行政办公区内。该区域担任着接待客户、展示酒店形象的责任，装修规格一般较高，办公环境宜人。行政办公区一般与其他员工办公及员工生活分开设置，也有的酒店将其集中设置，布置于地下一层。

2. 销售部

销售部负责酒店的对外宣传，吸引客人在本酒店住宿、召开会议、举行宴会。销售部员工要经常接待来访者，所以其办公环境的设计应展示出酒店的形象。销售代表有独立的办公室以方便接待客人。销售经理的办公室一般靠近总经理办公室设置（图4.84、图4.85）。

图4.84

图4.85

图4.84　西安禹龙国际酒店销售部办公室

图4.85　西安君乐城堡酒店公关部

3. 客房部

客房部负责客房的打扫、整理，补充客房内消耗的日用品，进行各种布件织物的更换，并对客房内客人的具体需求如洗衣、物品需求进行处理。客房层靠近服务电梯和手推车存放间设置服务员休息间，服务员在工作间隙可进行短时间的休息。客房部经理因其经常参与顾客接待、经营决策，其办公室多靠近总经理办公室。

4. 餐饮部

餐饮部负责各类餐厅、宴会厅的日常工作安排，如餐厅的饮食供应、所需食品原料的统计，并向供应部提出订购要求。餐饮部主管各类饮食供应及制作，一般靠近厨房区域设置。但餐饮部经理因为经常参与决策，其办公室一般也不在餐饮部办公室区域，而是与总经理办公室等邻近。

5. 供应部

酒店各部门所需的食品、备品、易耗品、工具等都是由酒店的供应部进行统一订购，供应部办公室一般靠近酒店的进货区域设置，方便各种物品的验收、入库，以及向各个部门供应。

6. 工程部

工程部技术人员负责酒店各种设备的控制及维护工作，一般不与客人进行直接接触。工程部的办公室通常靠近其服务的区域如酒店的各类机房及工程维修用房。工程部的工作人员数量相对较少，办公面积也较小，工程部办公室应布置在容易通往各设备区的位置，方便员工的工作（图4.86）。

图4.86　西安金花豪生国际大酒店工程部办公室

4.5.2 行政办公区设计原则

酒店的行政办公区为方便管理，一般按部门来设置，大体分为高管办公室、一般职工办公室、休闲功能区、治疗室等。高星级酒店还可以根据自己独有的卖点做出自己特有的行政功能区或其他功能区的设计。

行政办公空间也可以用大空间工作桌隔断的方式设计，或设计为各个独立的办公室。在销售部、餐饮部和人事部等工作空间内还需设有接待或等候区，方便开展工作。

行政办公区各部门既可集中设置在酒店后部、地下层或裙楼中，又可分开设置在相应的工作区域附近。办公区无论采取何种设置方式，都要以不妨碍客人活动和方便管理为指导原则。

酒店的高层领导、人力资源部及财务部等部门多集中在酒店专门的行政办公区。若酒店的规模较大，行政办公部分也可以分开设置，当设置于不同楼层时，应注意使其相互联系方便。

保安部和人事部与内部员工接触最多，宜安排在员工生活区附近。

采购部与外部接触最多，宜设置在货物出入口附近。

工程部不直接与顾客接触，宜设于邻近机房设备的区域，利于机械设备的维修和检查工作。

收货办公室可邻近装卸货平台或垂直交通，货物可分类运送至各库房；这些部门通常设置在酒店的地下或后部（图4.87）。

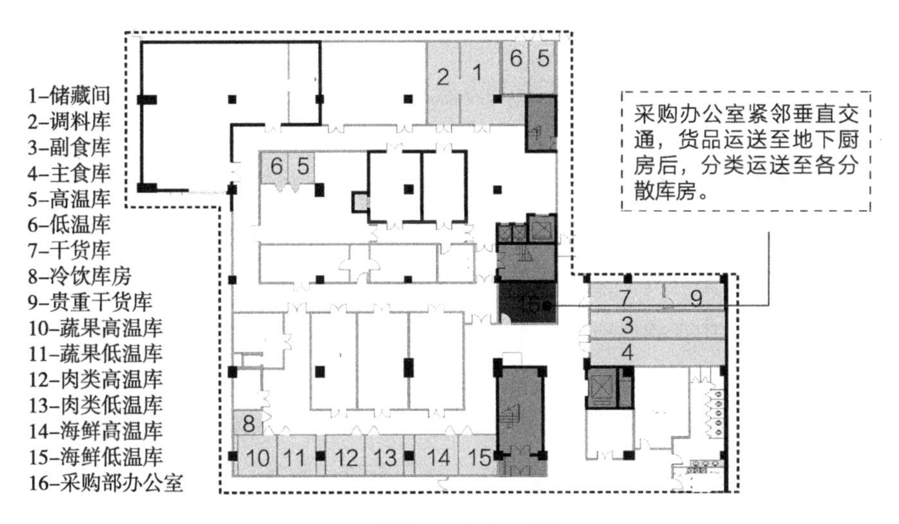

图4.87　收货办公室位置分析

销售部、餐饮部和财务部与顾客有一定的接触，可设置在酒店的其他区域。

4.5.3　行政办公智能化设计

1. 酒店智慧管理系统

酒店的智慧化是由内而外的。酒店管理的智能化可以确保智慧酒店各部分的高效运转与有效配合。信息化时代品牌的影响力扩大，连锁酒店成为酒店业追逐的目标，酒店经营不再以经济效益为唯一的衡量标准。资本运作的发展使酒店投资方与酒店管理方的职能逐渐分离，酒店管理作为一个现代专业领域，应关注长远发展，开拓网络市场生存空间，发掘酒店文化的潜在价值。酒店智慧管理系统水平是评价酒店综合情况与发展前景的重要指标之一。

酒店智慧管理系统为管理人员提供全面、高效、智能的协助，兼顾不同使用群体的需求，以顾客满意度为酒店服务目标，同时提升员工满意度。智慧管理系统针对酒店不同的管理模式设置子系统。例如，库存智能管理：利用智能库存系统建立数据模型管理货物；布草智能管理：将物品信息记录标识，在网上平台进行远程管理；员工智能管理：员工可以网上打卡，管理系统自动生成排班、工资奖金等方案；顾客档案管理：为每一位顾客自动建立档案，可以根据个人档案为顾客提供个性化服务；设备智能管理：实时监控酒店设备的运行状态并记录工程日志；数据统计分析管理：对经营数据统一管理分析。

2. 办公自动化

智慧管理下的办公向自动化、无纸化的方向发展，旨在节省更多的人力、物力。无纸化办公时代已经到来，在互联网信息技术极大普及的背景下，酒店办公自动化以统一、互联的操作模式有效提升工作效率，为顾客提供高质量的服务和优质的入住体验。

办公自动化是指利用先进的科学技术，不断使人的一部分办公活动物化于人以外的各种设备中，并由这些设备与员工互相配合，实现酒店的办公自动化。自动化办公系统将行政办公系统的各部门集中在酒店信息处理平台上，将办公部门信息化，实现酒店内部信息共享，数据共享，使人事交流更便捷、物品信息更透明，简化事务办理流程。酒店智慧管理系统根据功能需求分为多个模块，如系统管理模块、员工管理模块、文件管理模块、顾客管理模块、意见反馈模块、设备管理模块、库存管理模块等。通过这些模块的协调运行，达到辅助办公的目的。

4.5.4 行政办公区面积指标

办公面积按照工作性质的需求来设计。

（1）高层管理办公空间：高层管理办公空间的需求一般在10~15m^2，实际占用面积在9~12m^{2}范围内就比较充分。

（2）经理办公室：酒店不论大小，都必须设经理办公室。随着酒店规模的增大，经理办公室面积略有增加，但很少超过25m^2。

（3）会计办公室：在设计中，会计办公室经常被忽略。一个酒店的会计办公室最少需要10m^2。酒店规模越大，所需的会计人员越多，会计办公室的面积也就越大。表4.18表明，200间客房的酒店，其会计室面积在20m^{2}左右，而600间客房的酒店会计室大约需要40m^2。

经理办公室、会计办公室面积与客房数关系 表4.18

客房数（间）	200以下	200~400	400~600	600~800	800~1000
经理办公室（m^2）	5~15	10~20	15~25	20~30	25~35
会计办公室（m^2）	10~20	10~25	15~40	20~50	30~60

4.6 员工生活区设计

酒店员工生活区域包括员工更衣浴厕区、员工餐饮区和员工休息区，分别设有更衣浴厕、员工餐饮及员工休息的功能，在更衣浴厕区之前一般还设有打卡签到处。目前的大中型酒店，因员工数量众多，还另外设有员工培训室、娱乐室、学习室等。设计师在设计中应关注员工的生活习惯及工作特点，创造良好的员工生活环境。这在一定程度上能提升员工的心理归属感，从而促进酒店员工的发展（图4.88）。国内某酒店的员工生活区功能布局如图4.89所示，在职员工从员工入口进入，考勤之后进入员工生活区的各部分，或去往工作岗位；未入职新员工经过人事部登记、上岗前培训等程序，再进入后线服务区域。

员工生活区各部分看似独立，实际上联系密切。例如，人力资源部负责员工上岗出勤的相关工作，对新员工进行岗前培训；员工厨房专门为员工餐厅服务；保安部设在员工入口附近，须同时看到该入口和货运出入口（图4.90），在保障货物安全进出的同时，还兼负员工考勤的职责。员工生活区应设置在同一层，集中布置，通过垂直交通空间通往其他工作岗位，最大限度地减少交通面积，提高运转效率。员工入口应单独设置，一般远离酒店主入口，位于相对隐蔽的地方，通过专门的楼梯或电梯到达地下室的员工生活区。

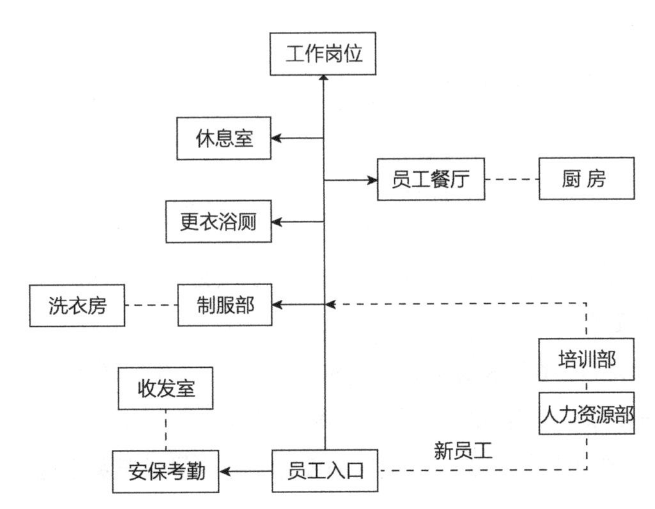

图4.88　后线员工生活区功能关系图

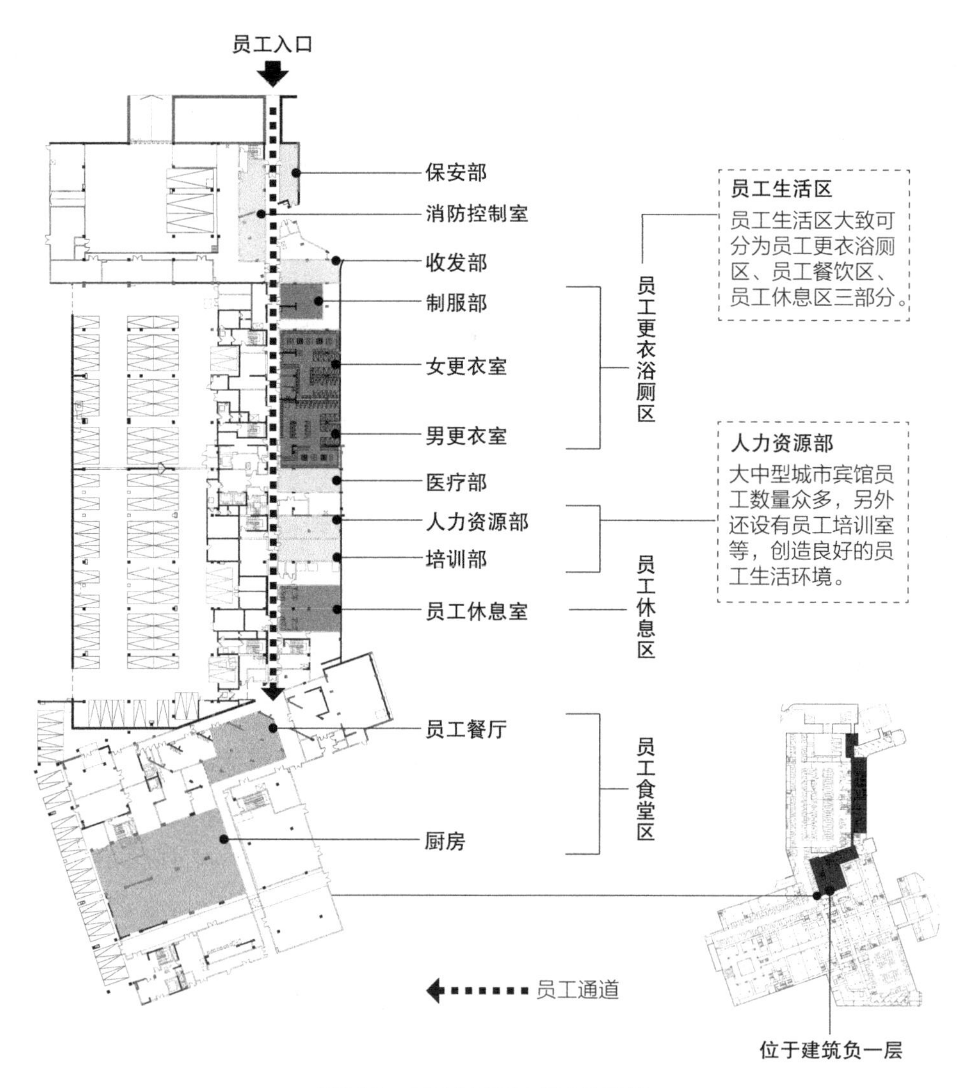

图4.89　员工生活区功能分区分析

4.6.1　员工更衣浴厕区

员工进入后勤区后首先要到制服房领取清洁制服，然后在一旁的更衣室更衣（图4.91），最后再进入各个工作岗位开始一天的工作。

在一般职工的更衣室外，高级职员的更衣室单独设置。高星级酒店为每位职工配置一个带锁的更衣柜，其一般尺寸为：宽250mm，深300mm，高1200~1400mm。一般情况下，更衣室与卫生间应相邻或就近布置（图4.92）。在更衣浴厕区的设计中，应尽量避免去往更衣室的流线穿越卫生间。

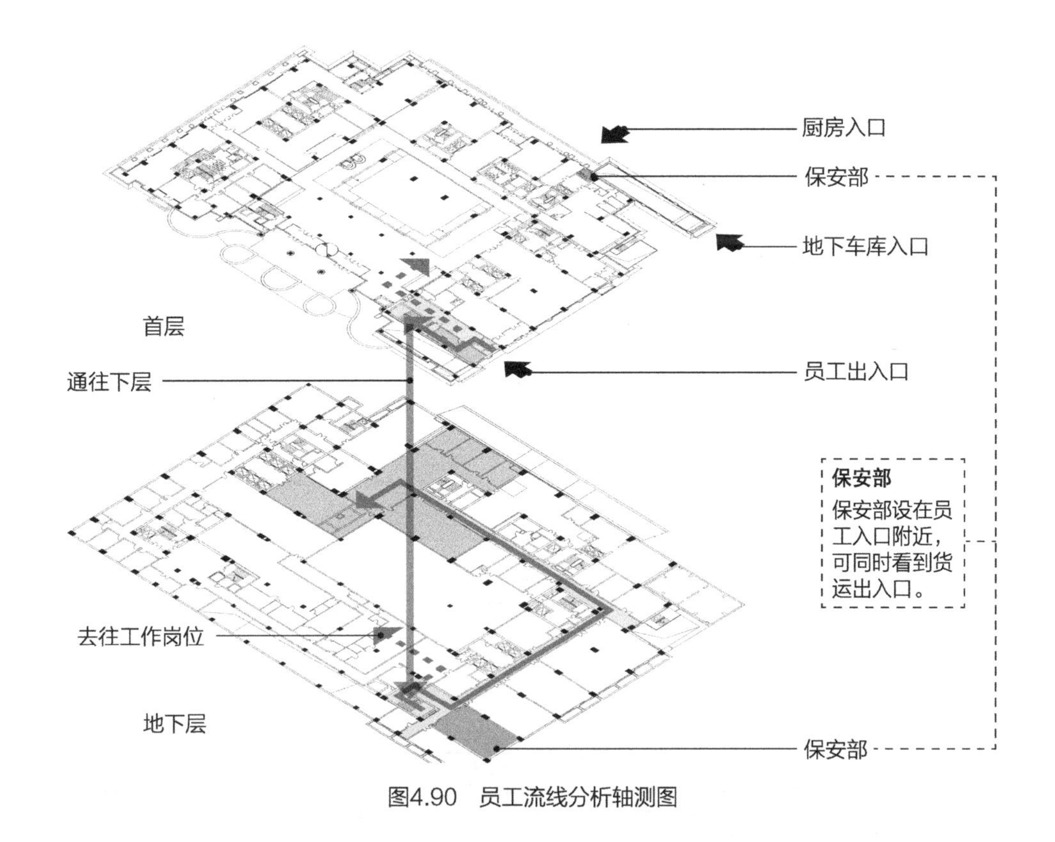

图4.90　员工流线分析轴测图

图4.91　北京海航大厦万豪酒店更衣间

更衣间的地面宜采用防水弹性块材，墙面选用便于清洁的材料，更衣柜宜选用钢材制作。浴室采用淋浴，喷头数量按30人1个喷头的指标来计算。浴厕区在地下时需设通风井或采用机械通风的方式（图4.93）。①

① 唐玉恩，张皆正．酒店建筑设计[M]．北京：中国建筑工业出版社，1993：255.

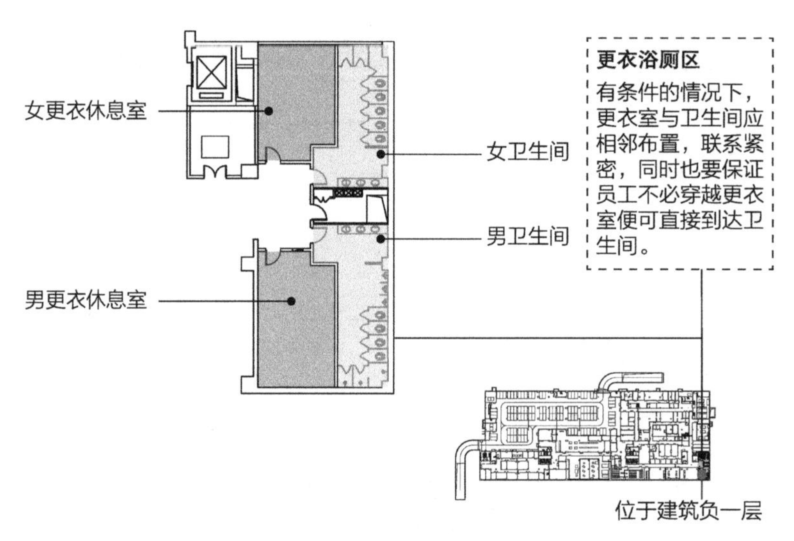

图4.92　圣山国际大酒店员工更衣浴厕区平面布置分析

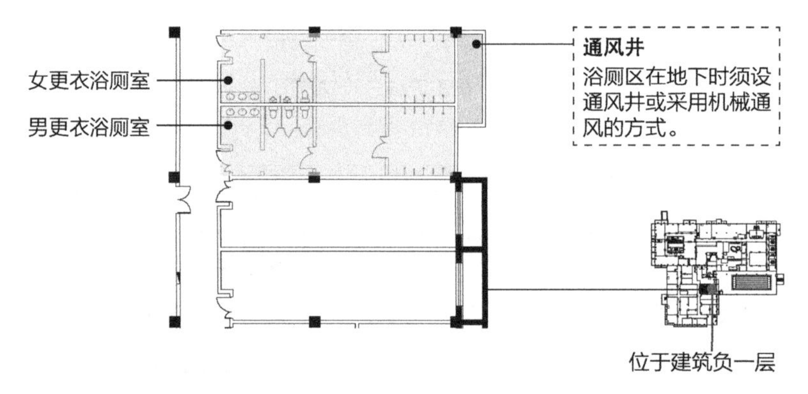

图4.93　乌兰国际大酒店员工更衣浴厕室平面布置分析

4.6.2　员工餐饮区

员工餐厅的厨房一般独立设置，例如包头宾馆员工生活区的员工厨房设计（图4.94），从食物采购到加工烹饪等各步骤都与客人餐厅分开运行，方便核算酒店运营成本。早期的员工餐厅装修标准较低，员工的就餐环境较差，目前部分酒店对员工的工作生活逐渐重视，将员工餐厅的装修标准提高了许多（图4.95~图4.97）。酒店为员工塑造良好的用餐环境，能在一定程度上提高员工的集体认同感。

员工餐厅的用餐方式有两种：一种是多种菜肴自选，另一种是自助餐形式。在调研中

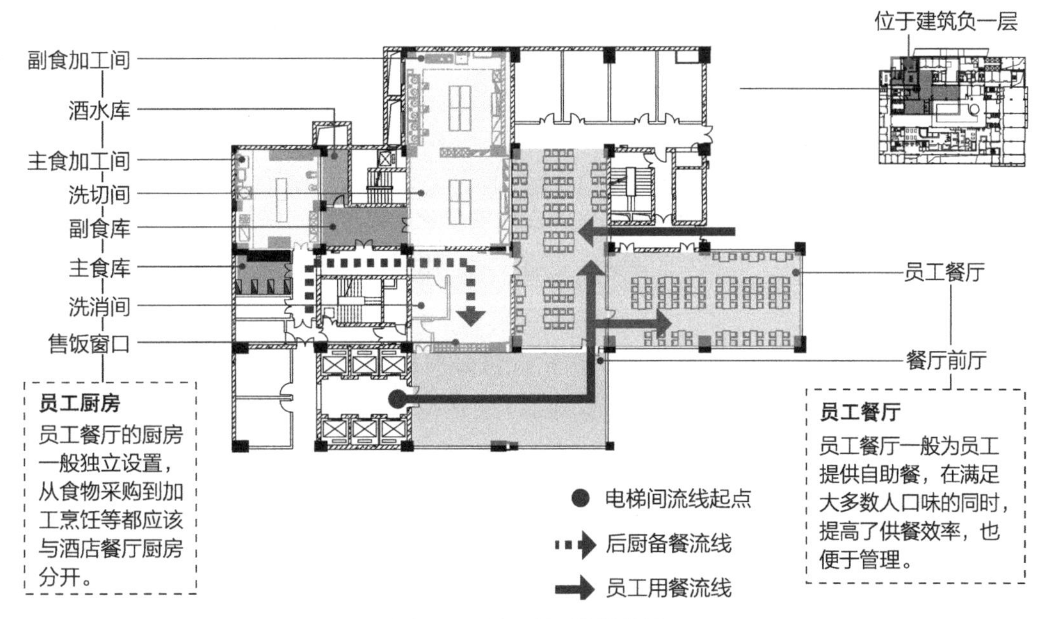

图4.94　员工餐厨流线分析

图4.95　北京瑞海姆田园度假村员工食堂

图4.96　北京海航大厦万豪员工食堂

图4.97　西安禹龙国际酒店员工食堂

发现，目前的员工餐厅一般采用后者，因其高效、方便、卫生，也易于管理。为提高员工餐厅的周转率，节约面积，在后厨提高服务速度的同时，餐厅也可通过合适的室内布置营造快节奏的用餐环境。酒店对员工的供餐时间一般较长，以方便换班员工用餐。在餐厅面积的计算中，其周转率可以设为3，代入计算。

员工餐厅面积计算：

$$员工餐厅面积（m^2）=\frac{0.9m^2/餐座\times 员工总人数\times 70\%}{周转率（次）}$$

其中，周转率为3，“员工总人数×70%”相当于最大当班人数，0.9m^{2}是每餐座的面积指标。①

4.6.3 员工休息区

在调研中发现，城市酒店员工生活区大多设置少量倒班宿舍，供员工深夜值班或换班时使用，一般布置在员工更衣室的附近。也有在酒店附近设员工单身宿舍的，酒店内不再单设员工休息室。

倒班宿舍内的设施一般较为简单，除提供必要的储物柜外，便是休息用的床铺（图4.98），有些酒店由于面积紧张，设置的是上下铺位，在一定程度上造成了员工休息的不便。此外酒店会为保安提供长期宿舍，长期居住的设施相对较好。

若酒店处于离市区较远的风景度假区，则需要为员工配备倒班宿舍。

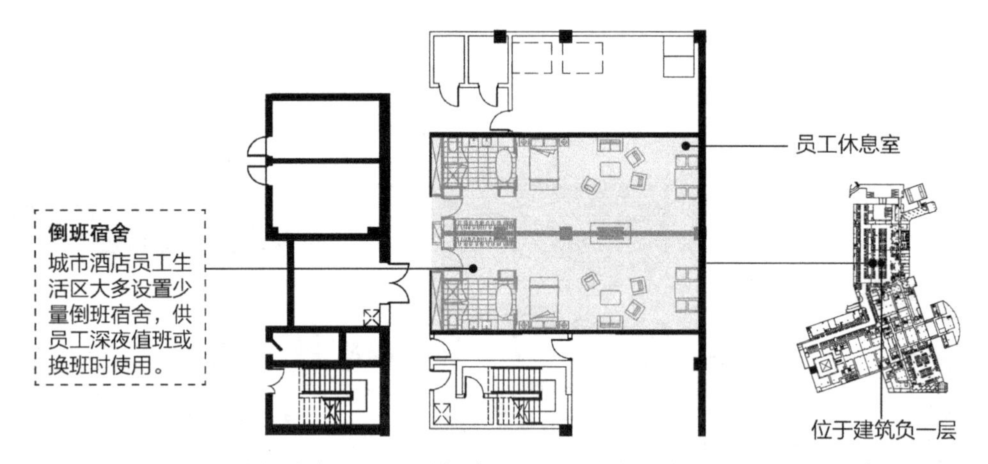

图4.98 员工倒班宿舍平面布置分析（三亚理文索非特酒店员工住宿区平面图）

4.6.4 员工生活区智能化设计

1. 智能打卡考勤系统

传统的考勤方式已经落后于酒店后线员工智能化管理的发展要求，为了紧跟趋势，有酒店开始将智能化应用在员工生活区的设计中。在员工扫码签到时，由系统自动生成记录并进行数据统计与分析，将报告实时发给酒店管理层，有效提高了酒店的办公效率和管理水平。

① 唐玉恩，张皆正．酒店建筑设计[M]．北京：中国建筑工业出版社，1993：255.

记录员工打卡次数及上下班时间只是考勤系统的基本功能，随着信息技术的发展，智能考勤系统正在向移动化和无线化方向发展。通过扫描二维码或指纹、虹膜、人脸识别等手段，考勤数据自动传至系统，由后台进行处理和计算，其结果自动关联员工的薪资；系统通过连接员工的移动终端，实现信息的交互和共享，员工利用手机APP软件就可随时查询自己的考勤状况。此外，系统的优势还体现在自动生成工作情况报表、更新排班情况等方面。

智能考勤模式正取代传统模式，利用线上平台对包括打卡、自定义班次、排班规则在内的多种功能进行优化，并实现了人员的快速定位、移动轨迹的智能追踪等管理手段。

2. 智能化取餐

员工排班时间不同导致其用餐时间范围拉长。传统的自助用餐方式不能解决酒店员工用餐时间分散的问题。员工生活区智能化的体现之一是用餐方式更贴合员工的差异化需求。

酒店为员工提供高质量的工作环境，在职工的用餐方面，应更加人性化，更加快捷。酒店的员工餐饮也是酒店企业文化的一部分，能够让员工有集体认同感。智能化取餐的流程是：员工在系统上预定取餐时间，厨房接单并根据顺序制作订单，后将制作好的菜品送入员工指定的保温柜中，让员工在预定时间内到达保温柜扫码取餐。餐厅的服务方式因而发生了极大的转变，食堂的使用效率提高了，并照顾到员工用餐的实际情况，贴合不同员工用餐的时间需求。员工可以根据自身情况选择取餐时间和地点，也可以就不同工种获得差异化服务。智能化取餐方式既改善了员工的生活，也优化了酒店内部的运作方式。

3. 员工培训智能优化

智慧酒店的人工服务并不会完全消失，而是在新的技术平台上迎来极大提升。智能化不是酒店服务的目的，而是酒店提升服务的有效手段。与酒店服务方式相对应的员工培训也在不断自我更新，以符合智能化要求。酒店后线服务区域智能化程度的提升，也体现在酒店对员工培训方式和内容的全方位提升。

智能培训先调研统计数据、发放问卷，进而分析员工培训需求，再进行培训方式的优化，并通过线上开展培训、线下建立考核制度等方式，完善培训体系，以充分调动员工积极性，挖掘员工潜力。酒店应及时更新员工培训内容，创新培训方式，注重理论和实操的结合，以适应智能化设备和系统的操作要求。若员工的操作水平和设备脱节，则再先进的设备也不能发挥其作用。

培训系统的优化将实现人与先进技术的优势互补。在人工智能时代，员工培训也要不断地与时俱进，以智能化手段为辅助措施，采取更先进有效的方法。服务质量永远是酒店的核心竞争力，提升员工的培训内容本质上也是为了提升顾客满意度，扩大酒店竞争优势，促使酒店转型升级。

4.6.5 员工生活区面积指标

1. 员工更衣及厕所

员工更衣室及厕所设在员工生活区，是员工用房的一部分。男更衣及厕所一般的面积指标为0.22m²/客房，要求高的可考虑0.33m²/客房。女更衣及厕所面积指标大致和男员工的相同，如果男女员工数量大致相等，则面积相差不大，如果女性员工数量较多，面积相应增大。一般把更衣和厕所设为相邻的两间，厕所及淋浴部分面积约占35%，更衣室面积约占65%，按照具体的员工人数确定必要的卫生设备数量。

2. 员工餐厅

供酒店内部职工工作期间就餐使用，座位数按照4.6.2章节中的计算方法得出，一般均采用简单食谱的自助餐形式。面积指标为0.9~1.3m²/座。当酒店规模增大、员工数量增多时，其职工餐厅面积也相应增大。

3. 员工住宿

在所调研的酒店中，大部分酒店均设有倒班宿舍，宿舍面积较小，指标约为0.2m²/客房，有少量酒店设员工日常宿舍，面积较大。总体来说，应根据各酒店的具体情况而设置。

表4.19显示出在作者调研的大部分酒店中，员工生活区面积与酒店规模的关系。

员工生活区面积客房数关系 表4.19

客房数（间）		200以下	200~300	300~400	400~600	600~800	800~1000
员工更衣及厕所面积（m²）	男	10~40	20~50	40~60	40~70	40~100	100~240
	女	10~40	20~50	30~50	40~60	40~70	60~230
职工餐厅面积（m²）		10~40	20~40		40~80	40~120	70~140
职工宿舍面积（m²）		30~40	20~50		40~120	60~120	100~120

4.7 机房与工程维修部分设计

后线服务区域的一个重要组成部分就是各类机房及工程维修用房。机房为酒店供应水、电、热、冷、气等动力及电话网络等设备，而工程维修部为酒店提供日常修缮服务。

这两部分协助维持酒店的日常运营，在设计中也应该予以重视。现代高档酒店多采用自动化系统辅助控制机房，其每一项子系统都对接智能平台，极大地提高了酒店的安全系数与经营效率。同时，酒店建筑向节能生态方向发展，将创建绿色环保型酒店作为重要内容，也促使机电系统不断地优化节能。

4.7.1 各类机房

1. 锅炉房

锅炉房有热水锅炉和蒸汽锅炉两种类型。前者的热源为热水，后者为蒸汽。蒸汽锅炉有高压锅炉与低压锅炉两种。工作压力低于0.7×10^5Pa的蒸汽锅炉称为低压锅炉，超过0.7×10^5Pa的蒸汽锅炉为高压锅炉。[①]锅炉房通常有以下三种布局方式：

①独立布置。在酒店总平面布局中，将锅炉房独立建设在基地的下风向，并且注意其位置的隐蔽性。

②与酒店主体相邻建设。当酒店基地比较小时，锅炉房可以与酒店主体紧贴在一起建造，但其连接部分应设防爆墙，不能在墙上开门、开窗。

③布置在酒店的顶层或地下。目前酒店设计中锅炉房常常布置在酒店的地下室或酒店的屋顶，这样可以尽量增加地面公共部分的面积，增加收益面积。

锅炉房位于地下层时，须设有吊装口和泄爆口（图4.99）。吊装口也可作为预留泄爆

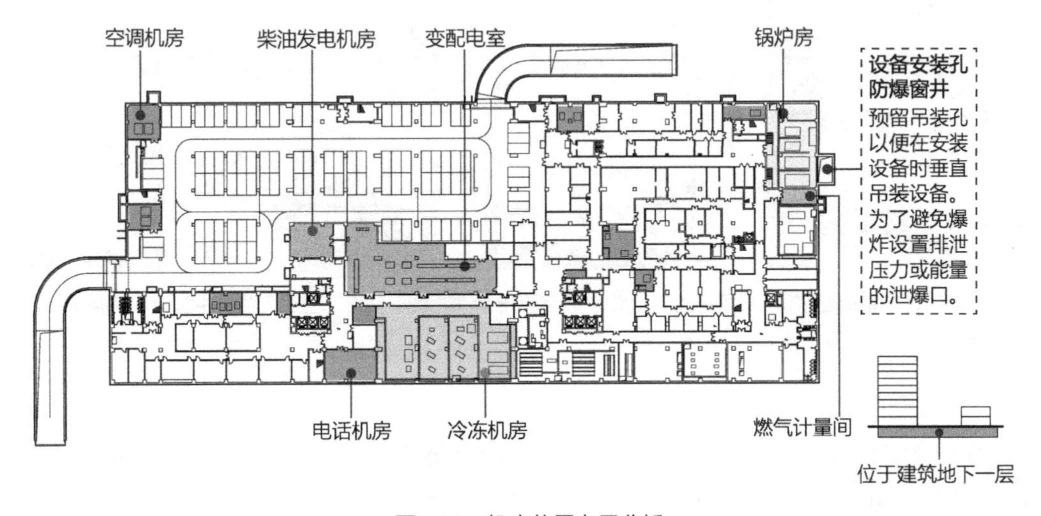

图4.99 机房位置布局分析

① 唐玉恩，张皆正．酒店建筑设计[M]．北京：中国建筑工业出版社，1993：267.

口。锅炉要进入地下室，就要在地库顶板预留吊装洞口，以便在安装设备时垂直吊装设备。泄爆口指为了避免房间或者箱体爆炸而设的排泄压力或能量的通道。锅炉房应考虑防爆问题，特别是对非独立锅炉房，要求有足够的泄压面积，符合《锅炉房设计标准》GB 50041。泄爆口竖井的净横断面积应满足泄压面积的要求，并采取相应防爆措施。

2. 冷冻机房

冷冻机房是酒店的冷源供应机房，内部设备有冷冻机和水泵，会产生很大的噪声，无论设置在何处，均应采取降噪措施。若设置在地下室，通过墙面贴吸声材料、基础隔振来降低噪声。位置分析可参考圣山国际大酒店地下一层机房（图4.99）。从节能角度出发，应根据机房运行中的动态特性，新增先进机房群控系统，提高水泵、冷却塔运行效率，降低冷冻机房运行过程中的能耗（图4.100）。在机房内设置值班室时，应适当增加建筑面积。

3. 空调机房

鼓风机房、排风机房及新风机房等统称为空调机房（图4.101、图4.102）。现代大型城市酒店多采用中央空调系统，对室内环境统一调节，有利于集中控制。除了在设备层有较大型的空调机房外，一般在每层均设置空调机房。空调机房也有振动与噪声的问题，一般通过在空调机房内设置吊顶、采用吸声材料、在设备基础下采用减振器等方式来降低噪声和振动。

图4.100 北京京瑞温泉国际酒店冷冻机房

图4.101 北京饭店莱佛士新风机房

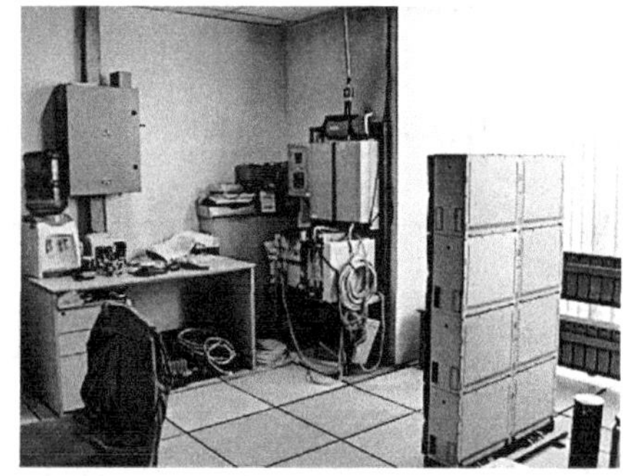

图4.102 西安金花豪生国际大酒店机房

4. 变配电室

变配电室相当于酒店的“心脏”，对酒店的运行起着至关重要的作用（图4.103）。在大、中型酒店中，配电室一般每层均有设置，变电室在设备层设置，变配电室设计中应避免高温，注意通风，并且要做好防潮措施。为防止电网出现故障影响供电，除变配电室供电外，可设柴油发电机房作为备用电源。传统的柴油发电机工作时噪声较大，一是可以通过设计尽可能减少噪声产生的影响，二是可更换市面上具有噪声低、振动小、节油环保等特点[①]的设备。随着绿色生态观念的发展和技术的进步，未来以醇类、氢等作燃料的发动机或将得到普及。

5. 煤气表房与煤气调压站

酒店的厨房和锅炉房使用燃气或煤气。燃料通过管道或者油罐车输送。煤气表房内安装着煤气计量装置——煤气表，并应有防爆措施（图4.99）。煤气调压站是控制区域性煤气的调压装置，它能将该煤气管线压力调整到该区域所需的压力。煤气调压站属易爆性建筑，要符合消防规范，做好防护措施。消防规范对酒店与煤气调压站的安全距离有明确规定，一般要求不小于25m[②]。

图4.103 北京京瑞温泉国际酒店配电间

6. 防灾中心

防灾中心是酒店内预防火灾等各类灾害的指挥中心。防灾中心内有各类报警器、显示盘，可显示酒店内发生火灾的地点，具有启动消防泵、防火卷帘的装置，并设有紧急广播的呼叫设施，在灾难发生时指挥宾客及员工疏散。根据我国的消防规范，防灾中心应设在地面首层，并有直接通向室外的独立出入口，例如圣山国际大酒店的防灾中心即位于首层并设有直接对外出入口。

互联网时代防灾手段越来越趋于智能化。在防灾中心，通过控制器终端即可对各种设备实现远程控制，并对异常状况进行监控。自动消防报警系统可及时发现火情，并自动采取灭火措施，最大限度地保证建筑物内人员的生命财产安全。由于防灾中心智能化全面升级，功能不断增加，可根据设备需要适当增加建筑面积。

7. 保安中心

保安中心是酒店为安全保卫而设置的监控中心，房间内有多台电视监控器、防盗报警装置等设备。中心还为每位保安人员配置了无线呼叫电话，即使分散在不同的区域也能及时应答。保安中心与防灾中心一般相邻设置，也可合并，应位于首层，有直通室外的出入口（图4.104、图4.105）。

---

① 汤明星，叶雄伟，张俊君，等．数据中心高压柴油发电机组的设计[J]．移动电源与车辆，2018（01）：13-16.

② 唐玉恩，张皆正．酒店建筑设计[M]．北京：中国建筑工业出版社，1993：269.

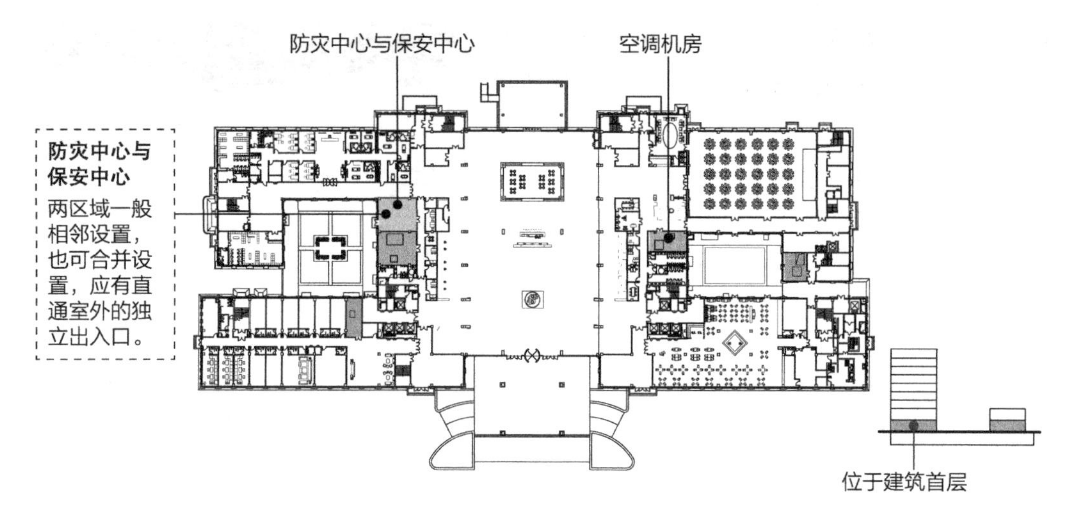

图4.104　保安中心布局分析

8. 电话机房

电话机房一般设置在前台附近，由四部分组成：话务室、电话交换机房、检修室、蓄电池室。室内有防潮防尘的要求。房间面积很大程度上由所用电话交换机的设备大小决定。

图4.105　西安金花豪生国际大酒店安控室

9. 电梯机房

可在建筑顶层的上方设置电梯机房（图4.106），不同品牌或型号的电梯对机房的高度要求不同，电梯速度愈高，上部所需冲程高度愈高。电梯机房内要求通风良好，并且要求有隔热措施，保证电梯在夏天正常运行。

10. 计算机房

酒店专用计算机的功能比较复杂，可显示客房状态、查询旅客账单，还具备客房预订等多项功能。计算机房是前台办公的重要组成部分，一般设置在前台的附近区域。总经理室等处也会设置计算机终端，以方便了解酒店的运营情况。有的酒店将电话机房与计算机房合设，使用一体化设备，此情况下可适当增加建筑面积。

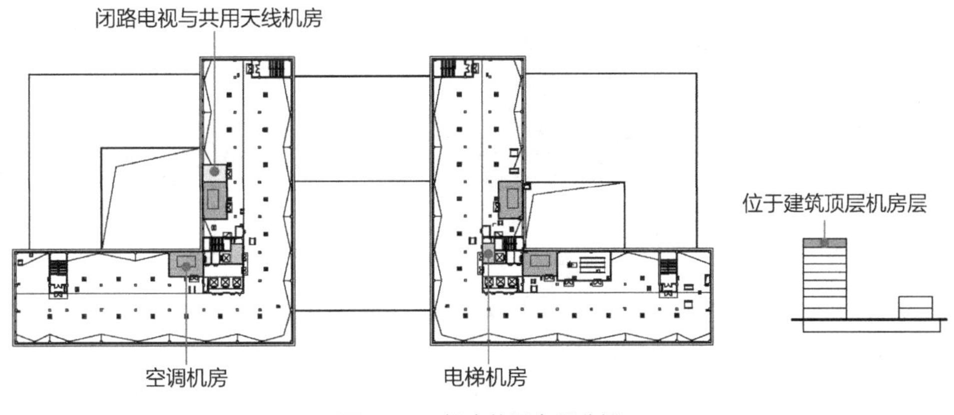

图4.106　机房位置布局分析

11. 闭路电视及共用天线机房

为保证酒店客房内电视的清晰度，一般设置共用天线机房。当酒店提供闭路电视服务时，应设置闭路电视与共用天线机房，例如圣山国际大酒店的闭路电视及共用天线机房位于顶层机房层（图4.106）。闭路电视一般在客房内采用记账方式收费[①]。

闭路系统是通过线路把图像信息传送给特定的用户[②]，由信号输入部分、前端设备、干线传输部分、用户分配部分、用户部分组成，将信号处理、混合后进行传输及分配。其中酒店内若干个用户共同使用一组天线的电视系统称为共用天线电视系统。即在最佳位置、最佳高度、最佳方向架设共用天线，经处理后通过电缆或光缆把电视信号输送到各个用户。[③]现在电视的信号传输过程全程采用数字技术，抗干扰能力更强，图像质量更高，功能也更多，具备交互和和通信功能。酒店适应旅客的服务需求，电视系统不仅有视频节目，还可以提供音频点播、视频通话、电视互动、电视购物等个性化服务，并向网络电视、卫星直播电视技术等方向发展。

4.7.2　工程维修用房

大型酒店中一般设置一些维修工场（图4.107~图4.109），对酒店的家具、设施等进行日常修缮，中小型酒店内一般不设置或较少设置工程维修用房。工程维修用房周围宜布置储物室，方便存放维修物品，附近应有电梯用于垂直运送物品，例如某酒店工程维修用房位于建筑地下一层，周围设置储物室及货梯，便于存放或运送维修物品（图4.110）。

① 王捷二，彭学强．现代饭店规划与设计[M]．广州：广东旅游出版社，2002：193-204.
② 袁文博．闭路电视系统设计与应用[M]．北京：电子工业出版社．1988：1.
③ 张吉．闭路电视的设计安装与调试[M]．太原：山西科学教育出版社．1989：1-9.

图4.107　西安金花豪生国际大酒店修理间

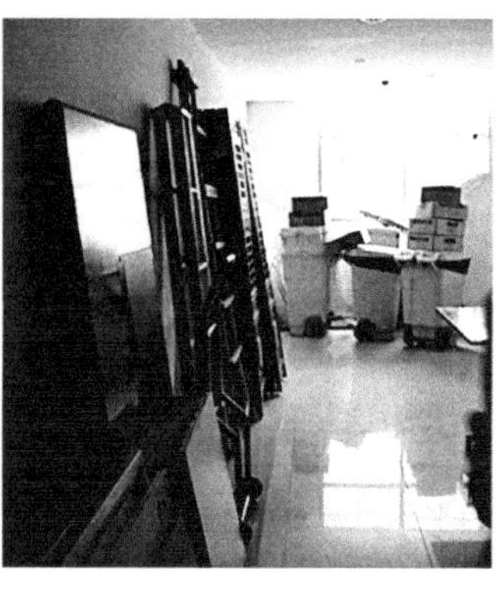
图4.108　西安金花豪生国际大酒店家具工场

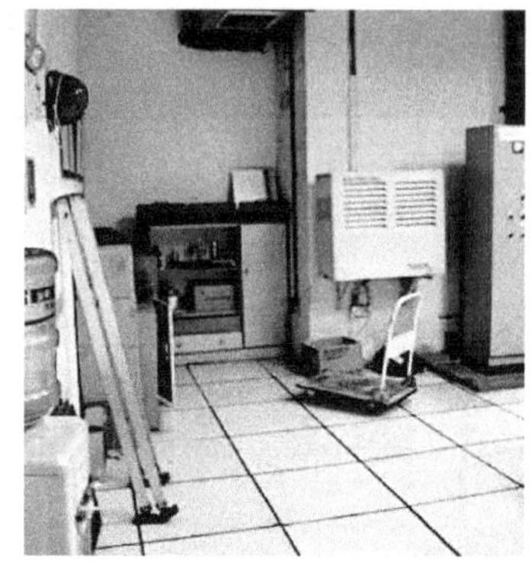
图4.109　西安金花豪生国际大酒店电工工场

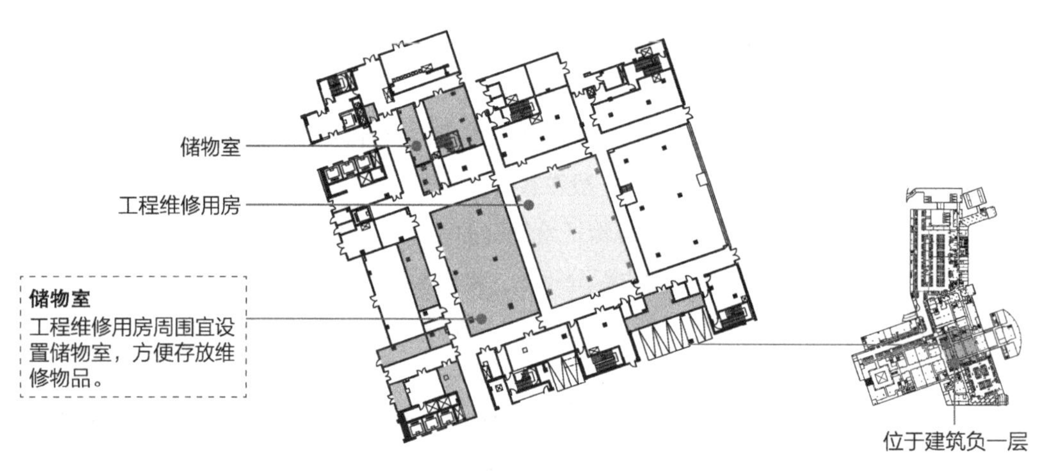

图4.110　工程维修用房位置布局分析

传统意义上的维修用房包括钥匙间、家具间、木工间、油漆间、管工间、电工间、电视维修间和室内装修间等，各酒店根据实际需要有选择地设置。这些工程维修用房的出入口一般较宽，需要在1.8m以上，以方便维修物件的运进与运出。

维修的对象不限于硬件设施，室内装修的壁纸、地毯、大理石地砖等也是日常维护的内容。

4.7.3　设备、工程部门智能化设计

1. 智能制冷供热

位于后线服务区域的供热机房、酒店供热管网和各种散热设备组合成酒店的供热系统。传统供热方式的自动化和信息化水平较低且十分耗能，而以大数据技术为手段的供热

技术将实时采集室温数据并反馈于系统，以便系统对室温进行及时调整，解决了以往因缺乏调控而产生的室温过热或温度不够等问题，在实现室温精准调控的同时也有助于能源的集约利用。

冷冻机房智能群控系统通过增加相应的传感器、变频器、控制器等，优化控制逻辑，以达到最佳运行效率。如制冷时，系统根据制冷需求实时调节运行效率，实现节省能耗的变频控制。

系统实现自动化控制的同时，还可以在后台监测运行数据、统计耗电量等，发现机房故障时，自动采取预警措施，并立即向管理人员发送错误报告，让问题得到及时处理。

2. 智能安防

酒店安防保护员工与顾客的生命财产安全，重要性不可小觑。安防系统的智能化解决了人工安保的局限性，极大地提高了酒店的安防系数。

智能安防系统中的主要组成部分有监控系统、录像系统、报警系统，这些系统全天运行，随时为酒店提供安全有效的防范措施。

监控系统的监控范围包括酒店的各个区域，帮助安保人员第一时间发现并处理突发情况；录像系统是事故处理过程中的重要辅助手段，具有足够的图像数据储存能力；报警系统可以在非法入侵发生时迅速响应，并触发报警措施，可加强重点保护区域的防范力度。

3. 楼宇自控系统

酒店安保室与防灾中心可分设或合设在酒店首层，建筑的自动化控制系统可有效提升酒店应对突发情况的处理速度和应变能力。

酒店属于人员密集型建筑，防火问题至关重要。酒店首层靠近入口处设防灾中心，其中有火灾报警系统，显示各防火分区的火警情况。在火灾现场，烟感报警器及时发现火情，将信号传至自控系统，由系统自动发布广播疏散人群，并及时采取防火措施，如启动喷淋灭火设备、分隔防火分区、切断非消防用电等。

楼宇自控系统的监测范围包括供热系统、新风系统、变配电设备、电力设备、照明设备、通信设备等多个系统和设备。通过设立一个中心、多个控制器，实现监控点和主控机之间的密切交流，实现全覆盖的酒店自动控制管理。

4.7.4 面积指标

（1）锅炉房：锅炉房面积由很多因素决定，如气候条件、燃料类型、蒸汽用途、锅炉形式等。

（2）燃料储藏室：如果完全使用煤气或区域性供应的蒸汽，不需设置燃料储藏室；如果以煤或油作为燃料或备用燃料，则需要设储藏空间。该部分的面积变化较大，具体面积应视情况而定。

（3）维修间：为了保持酒店的正常运行，维修间是必须设置的。一般至少需要三个分开的房间：水电工场间、木工装修间和油漆间。这些房间的工作不能混杂。维修间的面积指标为0.37m^2/客房。若酒店该部分面积达不到要求，会给维修带来困难。

（4）家具储藏间：备用家具及待修的家具需要储藏间来存放。家具储藏间的面积一般较大，应能满足物品的临时存放。家具储藏间的面积指标一般按0.23m^2/客房设置。

表4.20为笔者所调研酒店中工程维修用房面积与酒店规模的关系。

工程维修用房面积与客房数关系 表4.20

客房数（间）	200以下	200~400	400~600	600~800	800~1000
锅炉房面积（m^2）	40~80	50~140	80~170	120~250	180~260
燃料储藏室面积（m^2）	10~30	20~50	40~90	50~120	60~180
维修间面积（m^2）	10~30	20~80	50~130	70~160	100~220
家具储藏间面积（m^2）	10~30	20~60	40~100	70~120	110~150

本章小结

本章结合实际案例，对酒店后线区域的各组成部分进行了深入详细的阐述，其中包括厨房、洗衣房、储藏区域、垃圾房、收货区、行政办公区、员工生活区、机房与工程维修部的建筑设计、服务流程及面积指标。针对各个区域在设计及使用中容易出现的问题，提出了适宜的设计建议，并结合时代发展，阐述了智能化技术在这些区域的应用情况，为当前酒店后线服务区域的建筑设计提供借鉴。

第5章

酒店后线区域设计案例分析

作为前四章节酒店后线服务区域设计方法的实例支撑，本章以图文结合的方式阐述笔者设计酒店的后线服务系统设计。通过分层阐述、分系统阐述等多重视角，对不同规模、不同性质的酒店后线服务流线、服务系统进行了详细分析。借助案例分析，读者可以清晰地了解后线区域设计逻辑的生成过程与设计方法，了解酒店后线服务区域设计的核心内容。

具体内容包括：分析酒店各层平面功能分区及服务流线；以整体空间视角阐述餐厨流线、布草流线及货物运输流线；系统梳理大型酒店后线服务流线组织与后线区域设计中的关键问题。虽然四个酒店的设计有较大差异，后线服务区域的功能也各有不同，但是读者可以从中找到酒店后线服务区域设计的规律。

5.1 北方某商务酒店

本节以整体空间视角对北方某商务酒店的基本功能分区和后线服务系统、流线进行剖析。后线服务系统流线包括员工流线、餐厨流线、布草流线及货物流线。

5.1.1 项目简介

1. 项目概述

（1）工程名称：北方某商务酒店（图5.1、图5.2）

（2）设计单位：中国城市建设研究院；项目设计人：卜德清、张冬平。

（3）项目位置：该酒店坐落于市中心CBD核心地带，紧邻市政府大楼（图5.3）。2008年10月建成开业。

2. 主要经济技术指标

（1）总用地面积为72142.76m^2；总建筑面积为122400m^2。其中，地上建筑面积110346.00m^2，地下建筑面积12046.33m^2。

（2）建筑层数、高度：地上28层，地下2层，建筑高度99.95m。

（3）停车位：共629辆，其中，地面停车571辆，地下停车58辆；非机动车2500辆。

（4）容积率：1.94。

（5）客房间数：383间。

图5.1　东南透视图

图5.2　酒店群鸟瞰

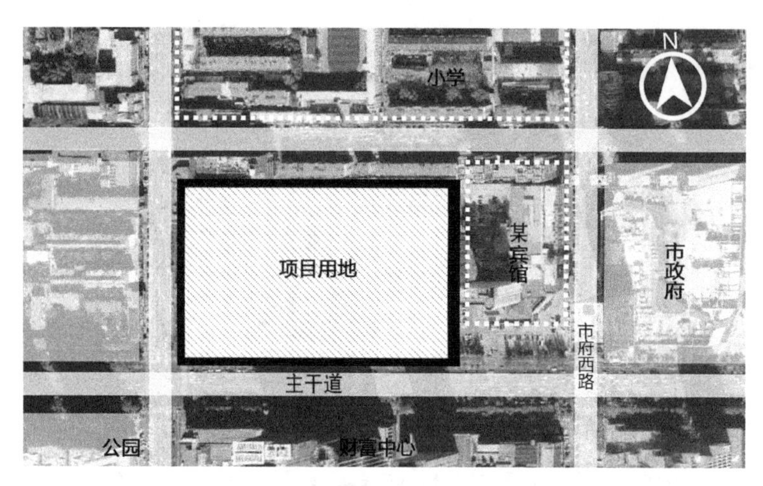

图5.3 项目用地及周边情况示意

5.1.2 项目定位概述

该酒店总投资约5.5亿，按照四星级标准建造。总建筑面积122400m²。其中包括酒店部分62897m²、智能写字楼部分28613m²、行政公寓部分28780m²、精品商铺部分2110m²。总统套房楼位于26层，建筑面积1200m²。行政楼层位于酒店二十一至二十三层，行政酒廊位于28层。酒店一层为大堂及对外商业，二层为各类餐厅，三层为大宴会厅及各类会议室，四层为夜总会餐厅、KTV包房及台球室等各类娱乐场所。酒店四至二十二层为办公楼及酒店客房部分。在地下一层设有游泳池、桑拿房、水疗等休闲娱乐功能，除此之外，还有职工餐厅、洗衣房及部分设备用房。地下二层为变配电室、锅炉房等设备用房。

5.1.3 各层平面后线服务系统分析

该酒店是集商业、办公、住宿、餐饮、娱乐为一体的综合性酒店。由于来此的客人目的不同，为避免流线交叉，酒店分别设置了多个专用入口：接待入住旅客的主入口和次入口（图5.4）；餐厅入口服务于来此用餐的客人；娱乐入口主要服务于外来人员，通过次入口可直接进入地下一层游泳、桑拿等公共娱乐部分；办公入口服务于在办公楼工作的职员；员工入口直接通往后线服务区域，供后勤员工使用；货物入口主要用于厨房部分货物运输与垃圾处理。

酒店地下一层可以分为公共娱乐区、后线服务区和员工生活区（图5.5）。其公共娱乐区设有对外开放的游泳池、浴池、桑拿房、保健室等；后线服务区设有洗衣房、办公室及设备用房；员工生活区设有员工培训教室、员工餐厅及厨房。后线员工可以通过室外坡道和室内楼梯、电梯进入地下一层。

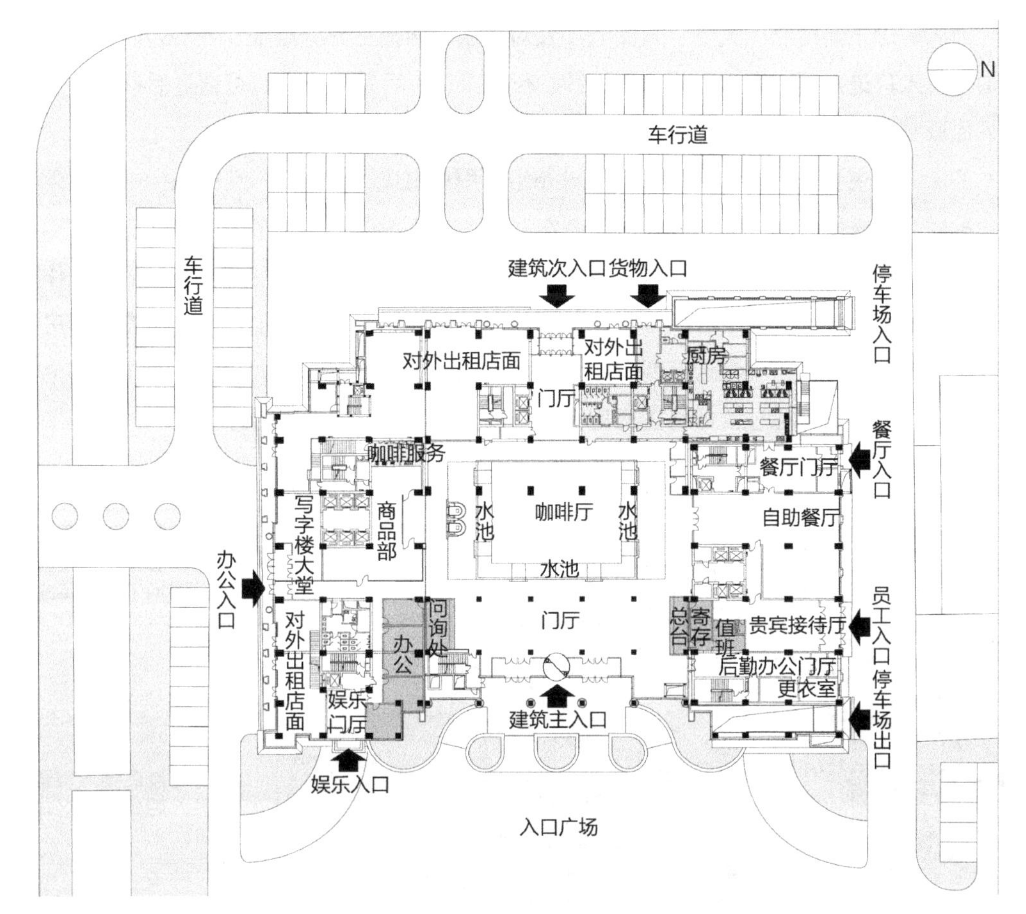

图5.4 首层平面入口分析

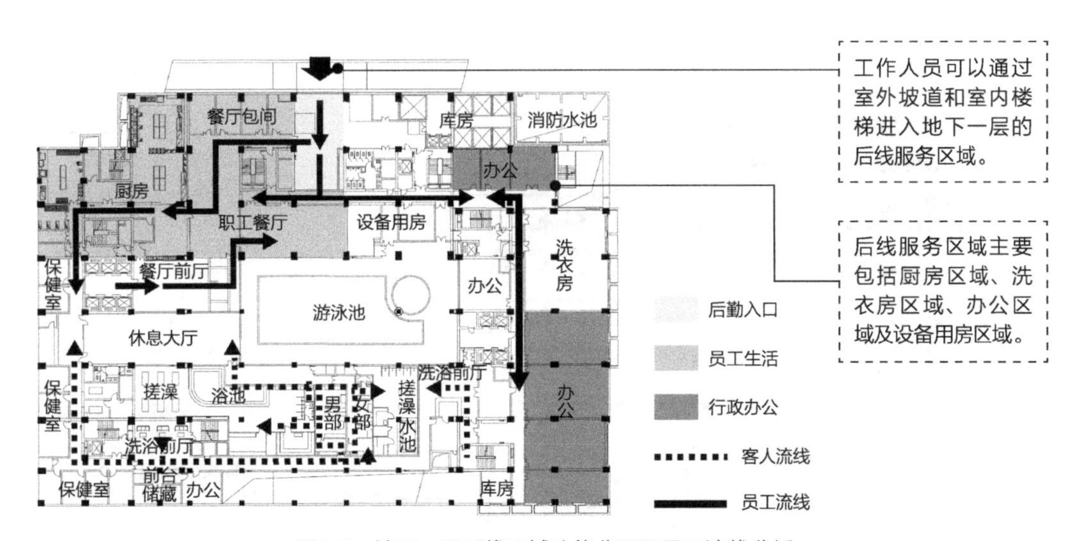

图5.5 地下一层后线区域功能分区及员工流线分析

酒店一层主要由酒店大堂、自助餐厅及对外出租店面三部分组成（图5.6）。入住的客人通过主入口进入酒店大堂办理入住手续、行李寄存。后勤办公人员可通过后勤入口直接进入值班室、办公室。酒店厨房设有独立的货物运送通道。

酒店二层主要是由餐饮服务功能及对外出租用房组成（图5.7），其中包括中餐大厅、特色餐厅及中餐厅包间。后勤人员可将制作好的菜品从厨房送往各个餐厅。

酒店三层主要由西餐厅、会议室及休闲部分组成（图5.8）。其中会议室部分可兼作宴会厅。休闲部分包括健身中心、茶吧、休息室等。西餐厅餐厨流程主要是由西餐厅厨房制作好菜品后，由员工将餐食送至西餐厅、西餐厅包间及大宴会厅。大宴会厅若需要其他种类菜品，后勤人员可通过食梯将主厨房制作好的菜品送至三层大宴会厅。

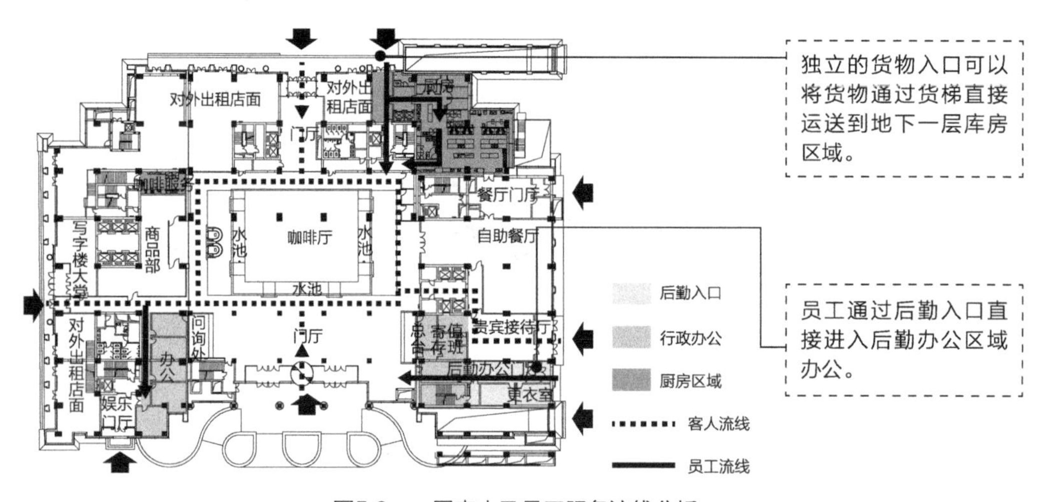

图5.6　一层客人及员工服务流线分析

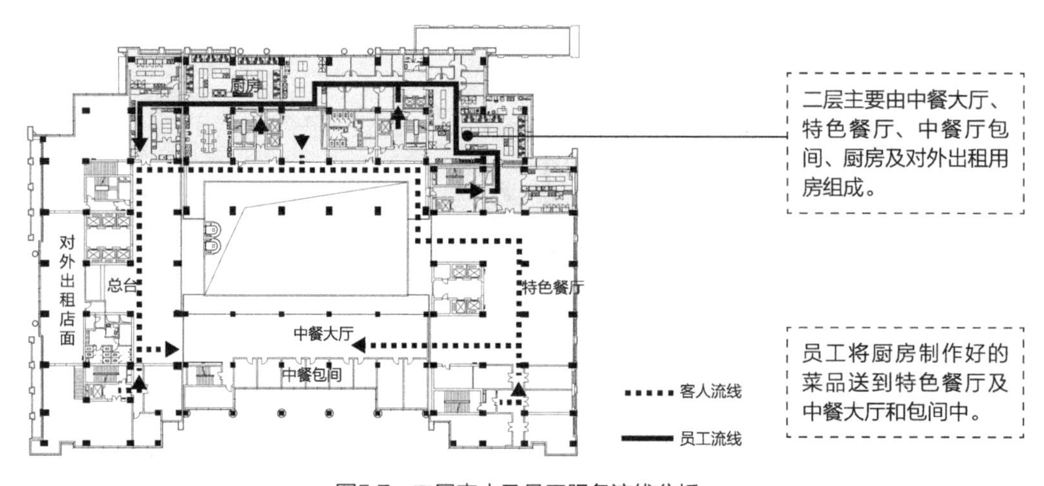

图5.7　二层客人及员工服务流线分析

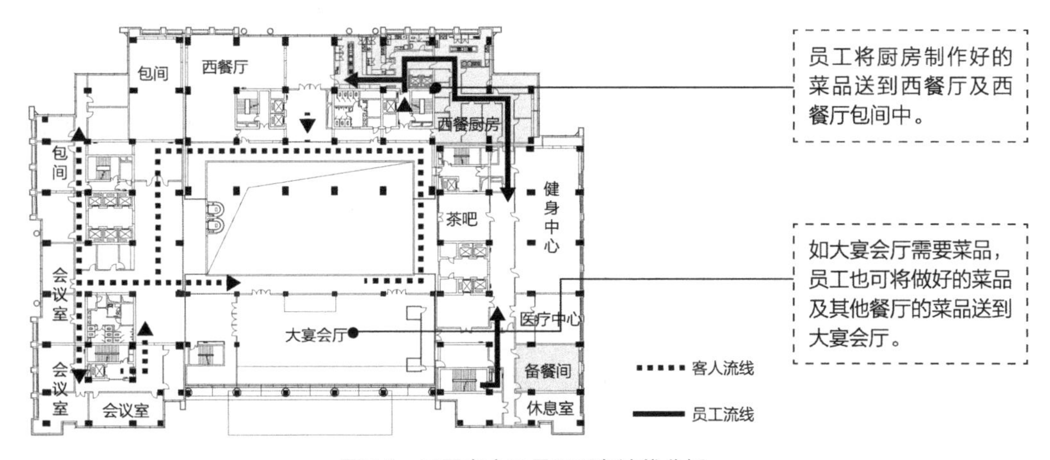

图5.8　三层客人及员工服务流线分析

酒店四层主要由娱乐功能及餐饮功能组成（图5.9）。除了夜总会厨房及餐厅之外，还有对外开放的歌舞厅、主题酒吧、KTV包间、桌球室、游戏室、棋牌室及高尔夫练习室等娱乐设施房间。

酒店标准层（六至二十二层）分为办公和客房两大部分（图5.10）。客房部分洗衣房流程为：由员工将地下一层布草库的布草通过货梯运送至各楼层布草间暂存，再从布草间送到各个客房进行更换，用过之后再沿着原路线送回洗衣房进行清洗。

行政办公区各部门可以集中设置在酒店后部、高层或裙楼中，又可分开设置在相应的工作区域附近。办公区无论采取何种设置方式，总体的设计都要以不妨碍客人活动和方便管理为指导原则。该酒店标准层的主要功能分为酒店客房和办公两部分。办公区域主要是可对外租赁的办公室，与酒店客房分开设置，互不连通，具有相对独立性。

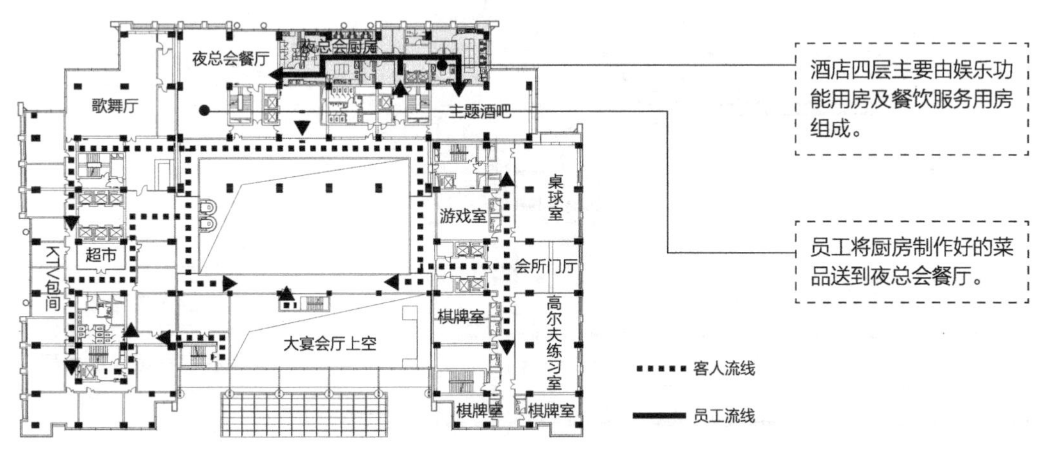

图5.9　四层客人及员工服务流线分析

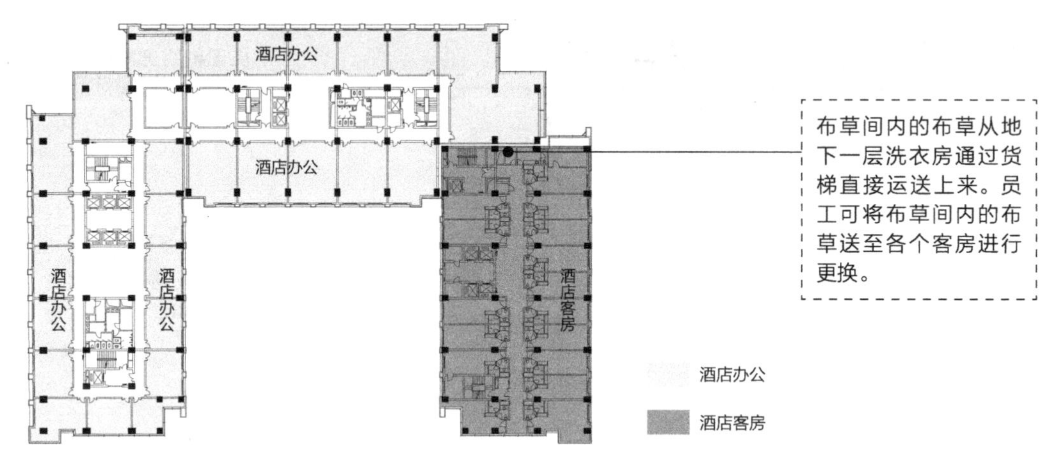

图5.10　标准层功能分区示意

5.1.4　设备用房员工流线分析

设备用房是后线服务区域的重要组成部分。该酒店地下二层设有地下停车库以及配变电室、消防水池、锅炉房、直燃机房等设备用房。除地下车库之外，其他的设备用房集中设置，竖向管线布置有序合理（图5.11）。

5.1.5　货物流线分析

运送货物的车辆可以通过室外坡道到达酒店地下一层，在卸货区处进行卸货（图5.12）。卸好的货物进入冷库储存。当上层餐厅厨房需要物品时，可以将冷库的物品通过货梯向上层运输。上层收集的垃圾可以通过货梯向地下一层运送，垃圾分类回收、打包、装车后运出。

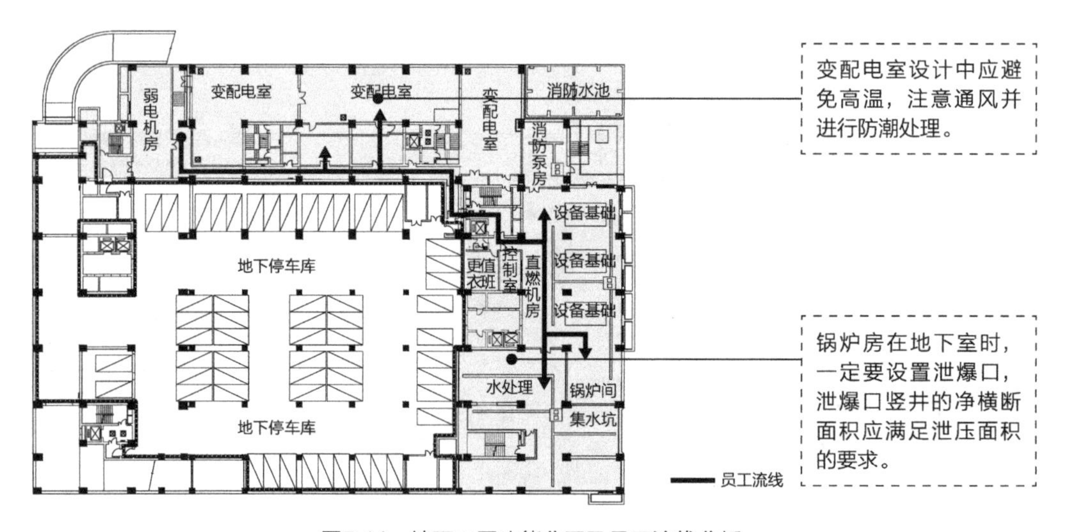

图5.11　地下二层功能分区及员工流线分析

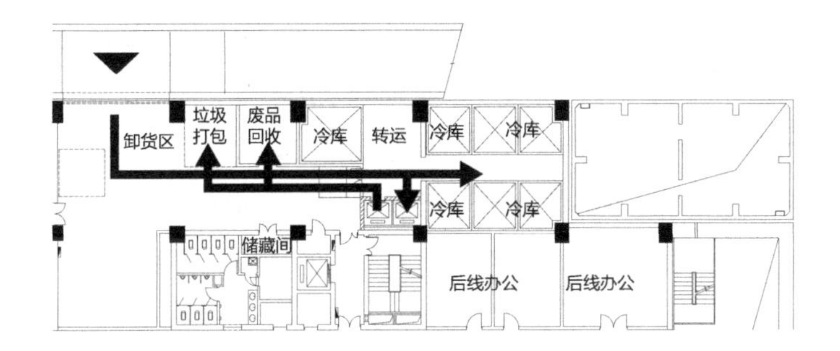

图5.12　地下一层卸货区货物运输流线分析

5.1.6　餐厨流线与洗衣房流线分析

（1）餐厨流线。厨房是为酒店餐厅、宴会厅提供服务的后方，是供应各类菜肴食品的烹饪基地。按厨房的工艺流程，内部进一步划分为储藏、洗消、加工、烹饪、备餐等各功能。该酒店在各层都设有厨房及相对应的餐厅，在三层设有大宴会厅，当大宴会厅需要各式菜品时，可由员工从各个餐厅的厨房通过食梯将制作好的菜品送至三层大宴会厅（图5.13）。

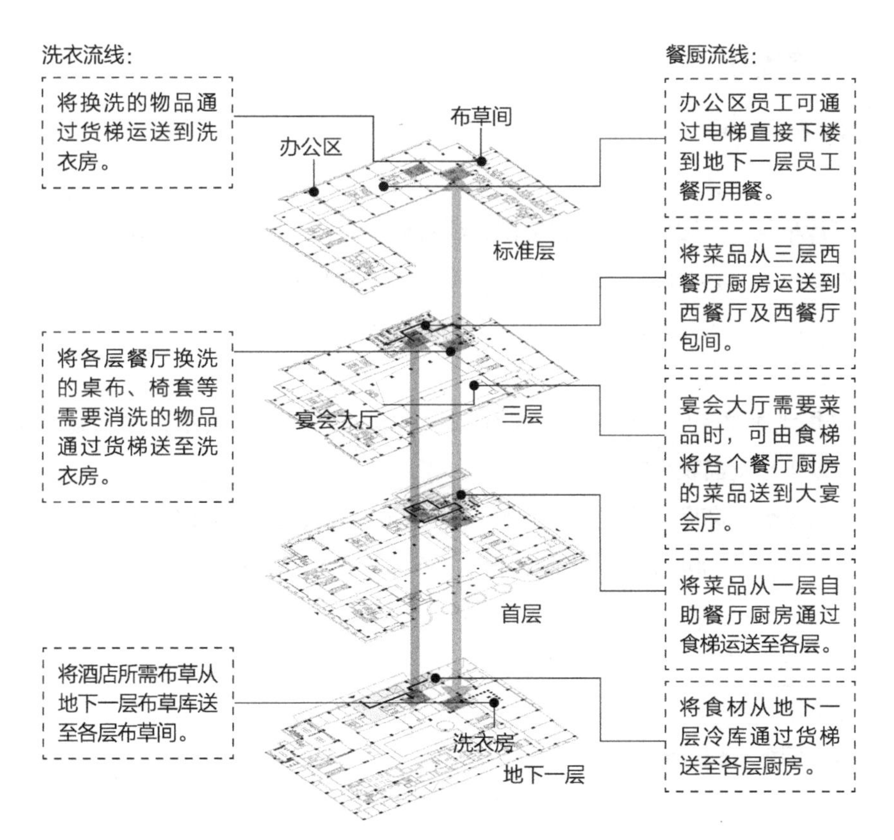

图5.13　厨房流线与洗衣房流线竖向分析

（2）洗衣流线。酒店将布草间设置在地下一层，服务人员从客房区与餐饮区将需换洗的桌布、椅套等脏污布品收集起来后，通过后线服务楼梯、货梯运至洗衣房。洗衣房分为水洗区和干洗区，脏污的布草根据材质进行分类后，送至各区分别进行处理、清洗，然后送至烘干机及熨平机处进行处理，最后将处理好的衣服送至折叠区，整理好后送至布草库。需要时员工将布草配送至各层布草间，进行分发（图5.13）。

5.2 鄂尔多斯乌兰国际大酒店

本节以鄂尔多斯乌兰国际大酒店为例，在平面空间中对各层后线服务系统进行功能和流线的分析，在竖向空间上对餐厨和洗衣服务系统分别进行整体流线分析。

5.2.1 项目简介

1. 项目概述

（1）工程名称：鄂尔多斯乌兰国际大酒店（图5.14）。

（2）设计单位：中国城市建设研究院；项目设计人：卜德清、张春阳。

（3）项目位置：乌兰国际大酒店位于内蒙古鄂尔多斯市伊金霍洛旗阿勒腾席热镇，腾飞路东、滨河路南、阳光大道北，三面临街（图5.15）。2010年10月建成开业。

2. 主要经济技术指标

（1）总用地面积约为8.877hm^2，总建筑面积为161388m^2。其中，地上建筑面积为134248m^2，地下建筑面积为27140m^2。

（2）建筑层数、高度：地上22层，地下2层，裙房3层，建筑高度96.6m。

（3）停车位：共700辆，其中，地面停车200辆，地下停车500辆。

（4）建筑密度：19.5%。

（5）容积率：1.90。

（6）绿地率：46%。

（7）客房间数：648间。

图5.14　东北透视图

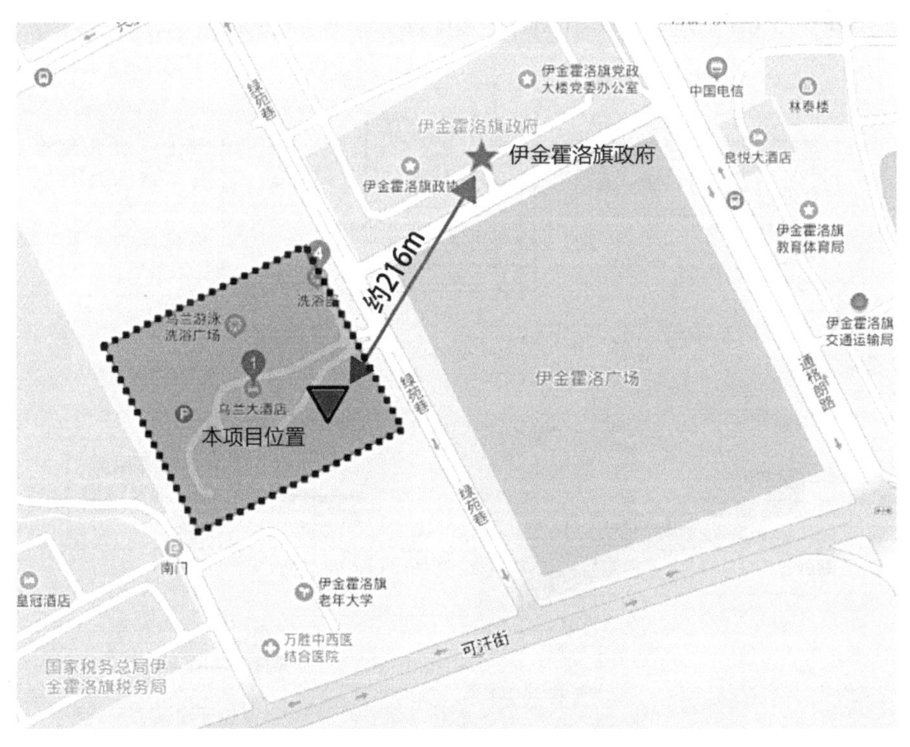

图5.15　项目用地及周边情况示意

5.2.2　项目定位概述

乌兰国际大酒店一层为大堂、咖啡座及大型中餐厅，二层为宴会厅、特色餐厅及各类包间，三层为各类会议室，四层为健身中心，五至二十二层为行政办公及酒店客房部分。在地下一层设有游泳池和洗浴等休闲娱乐功能，除此之外，还有厨房、洗衣房等后勤服务功能。地下二层为锅炉间、各类机房等设备用房。

5.2.3　各层平面后线服务系统分析

乌兰国际大酒店是集住宿、餐饮、娱乐、商业、办公为一体的综合性酒店。由于来此的客人目的不同，为避免流线交叉，酒店入口分别设置了接待外来入住人员的主入口和次入口；对外餐厅入口服务于来此用餐的客人，有餐厅入口和中餐厅入口；办公入口服务于内部工作的职员；后勤入口方便员工直接进入后线区域工作，并且将厨房的货物运输与垃圾处理与公共区域入口独立开来，流线清晰，分区明确。

酒店地下二层主要由锅炉间、制冷机房、中水及生活用水机房组成，为设备层。后线服务区域的员工可以通过室内的楼梯、电梯进入地下二层（图5.16）。

酒店地下一层主要由厨房、洗衣房等后勤服务用房，以及游泳池及洗浴等娱乐设施组成，二者布置在平面的两侧，分区明确（图5.17）。

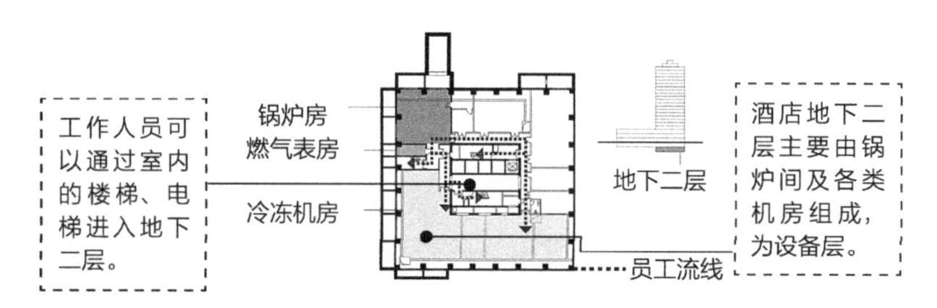

图5.16　地下二层功能分区及员工流线分析

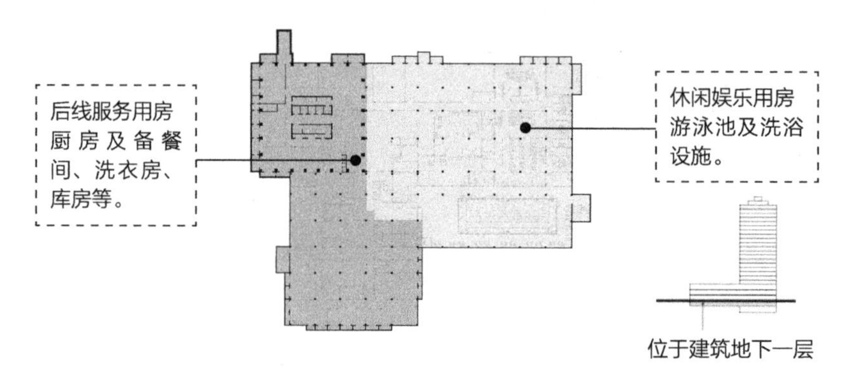

图5.17　地下一层功能分区示意

后线服务部分设置货物入口及垃圾出口，布置员工生活用房、洗衣房、各类机房，主厨房也布置在地下一层。后线服务部分的员工可以通过室内的楼梯、电梯进入地下一层（图5.18）。

酒店一层主要由大堂、咖啡座及大型中餐厅组成，在角落空间布置小型机房，服务台后面布置少量一线员工的办公用房。后线服务部分的员工可以通过独立的后勤入口和办公入口进入（图5.19）。

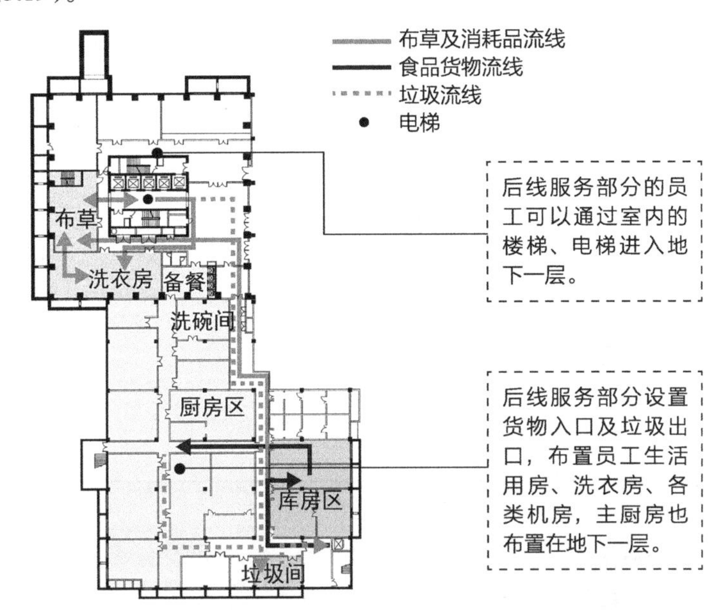

图5.18　地下一层后线服务部分平面功能、流线分析

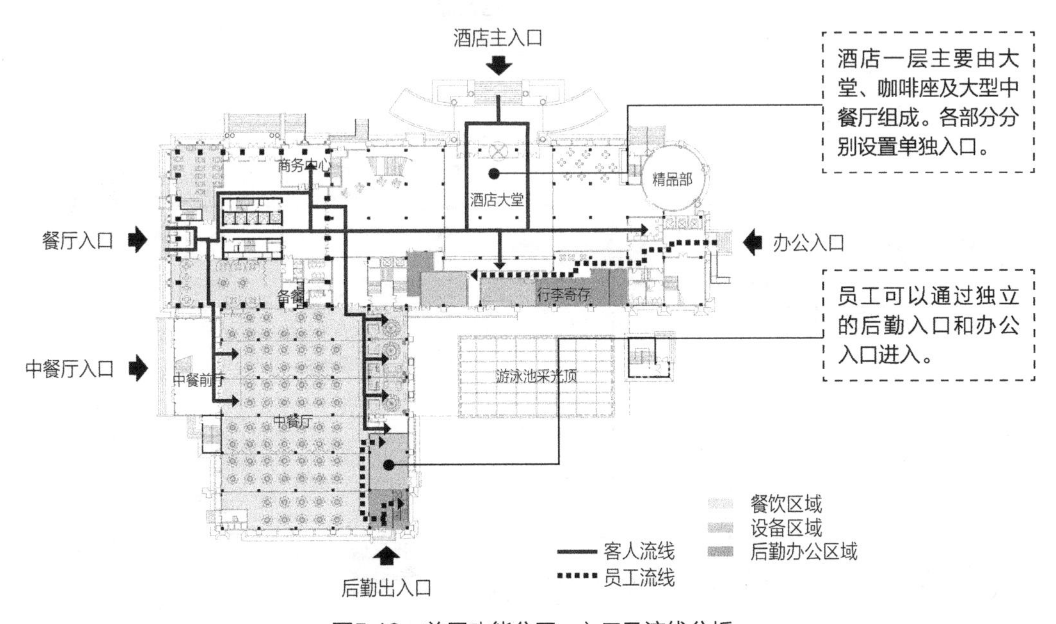

图5.19　首层功能分区、入口及流线分析

酒店二层布置宴会厅、特色餐厅及各类包间，宴会厅南侧布置少量服务用房，在靠近各类餐厅的位置布置厨房及相关服务用房。后线服务部分的员工可以通过楼梯、电梯进入二层进行服务（图5.20）。

酒店三层为酒店的会议层，布置会议室及附属服务用房，如会议服务室、同声传译室、库房及机房。后线服务部分的员工可以通过楼梯、电梯进入三层进行服务（图5.21）。

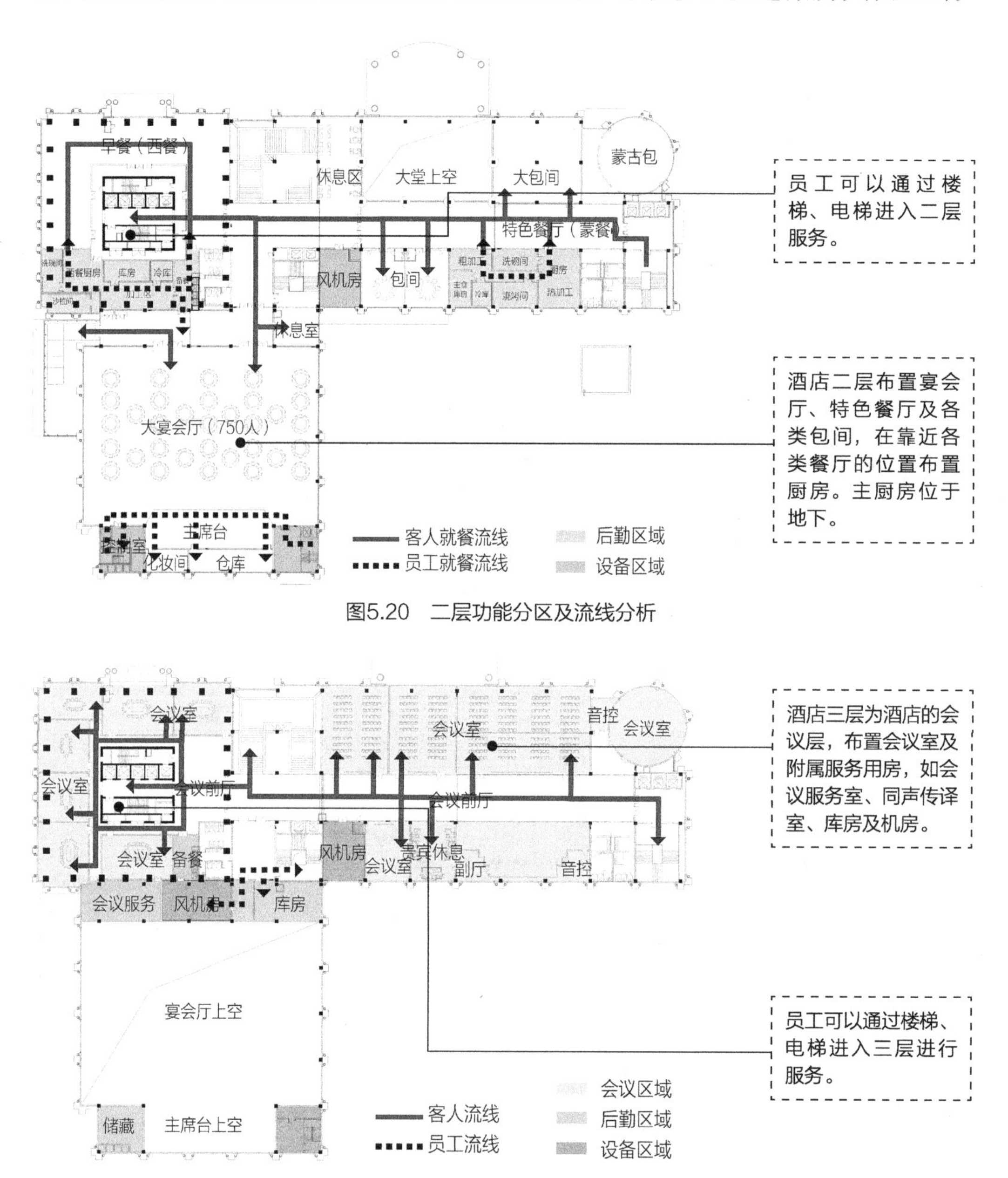

图5.20　二层功能分区及流线分析

图5.21　三层功能区域及人流分析

十三层为酒店的设备层，设置机房、酒店的高级行政管理人员的办公室及高级员工休息室，并设置库房。后线服务部分的员工可以通过楼梯、电梯进入十三层（图5.22）。

酒店标准层（五至二十二层）分为办公和客房两大部分。客房部分主要由地下一层洗衣房将布草通过货梯运送至各个楼层的客房进行更换（图5.23）。

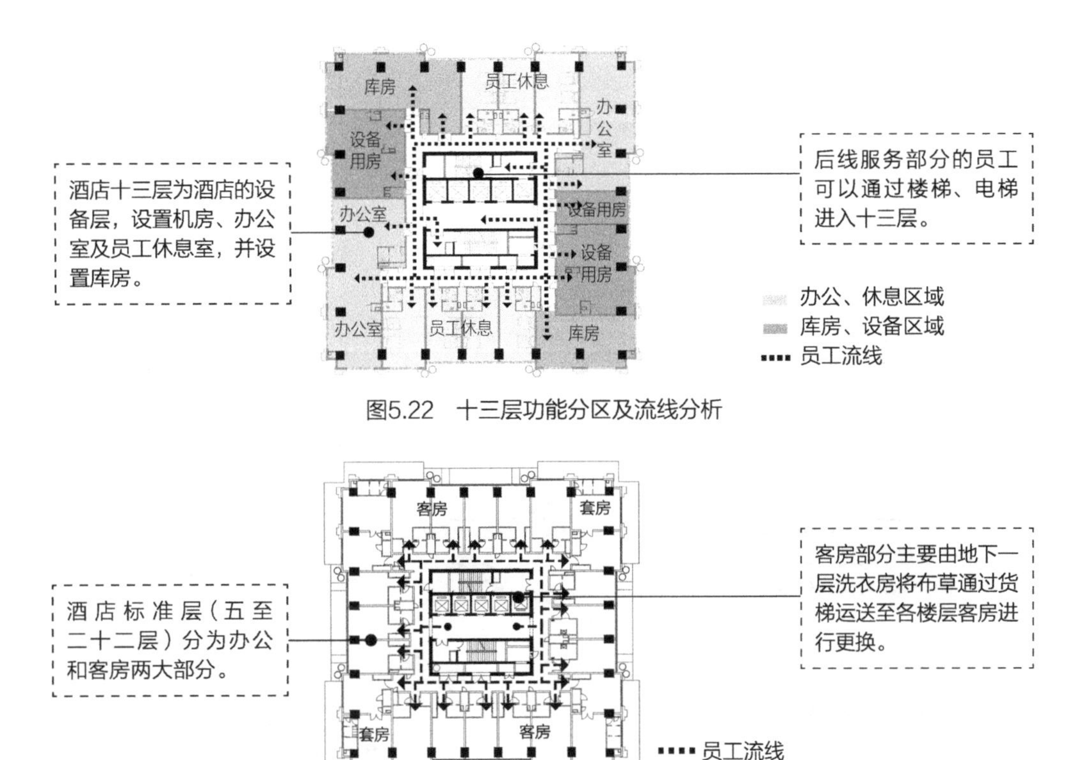

图5.22　十三层功能分区及流线分析

图5.23　标准层员工服务流线分析

从乌兰国际大酒店后线服务区域的布置看，其特点为分层布置，主要部分集中在地下层及十三层的设备层。但主厨房布置于地下一层，主餐厅位于一层，两者未同层布置，需大量借助垂直交通来联系。公共部分与后线服务部分的分区较明确。

5.2.4　餐厨服务系统分析

本节主要就后线服务区域进行竖向空间上的分析。图5.24所示为乌兰国际大酒店的餐厨服务系统分析图。位于地下一层的主厨房功能丰富，同时服务于一层数个餐厅，相互间以垂直交通相连。同时，垃圾处理远离送餐流线，做到洁污分区。垃圾房设置在货物出入口处，流线短捷，方便将垃圾快速运出。备餐区在各层邻近就餐空间处均有设置，上下层之间以食梯连接，便于传送菜肴。宴会厅的备餐厨房与宴会厅同层布置，方便就近服务。

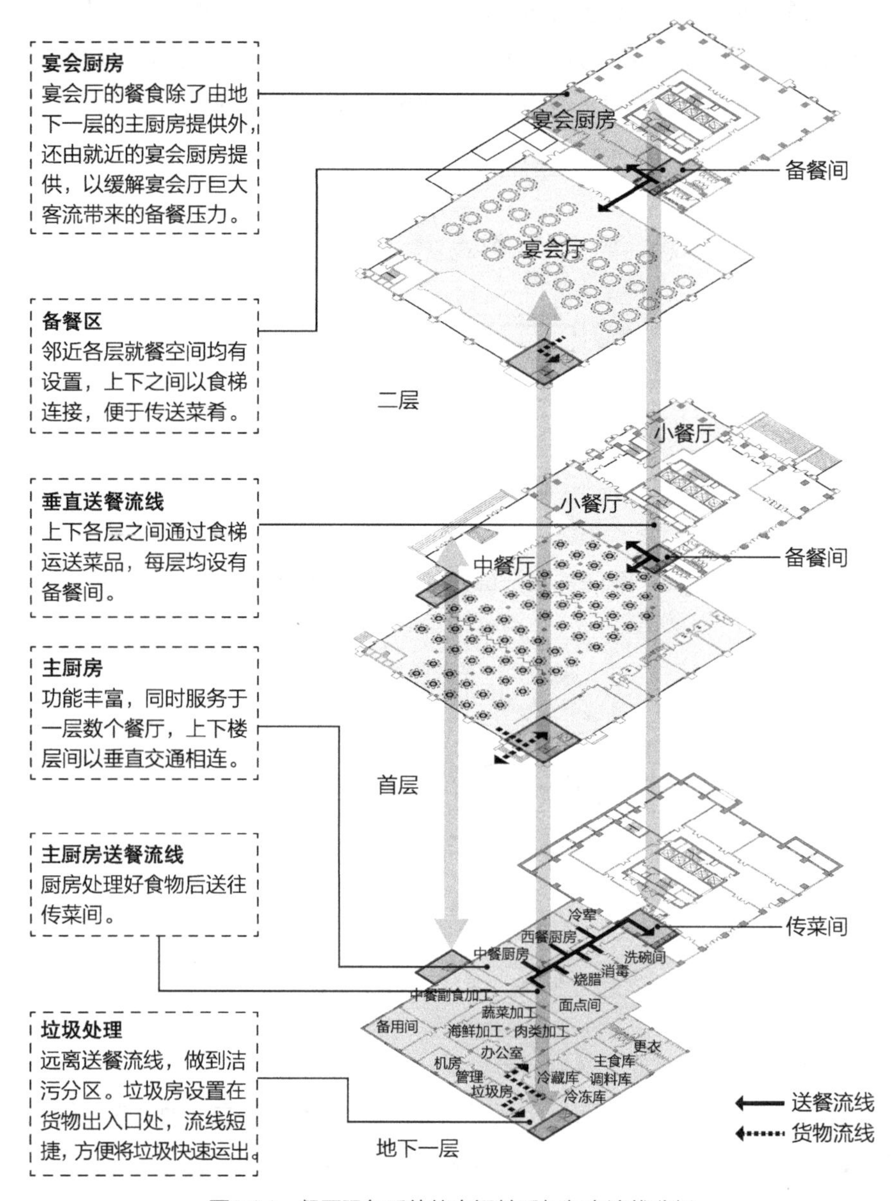

图5.24　餐厨服务系统的空间关系与竖向流线分析

5.2.5　洗衣服务系统分析

洗衣房内部分为洗衣设备房、洗衣房办公、库房及制服间等。洗衣房的功能空间布置原则是：平面布局遵循洗衣工艺流程；入口的设置应将工作人员入口、污衣入口、净衣出口分开设置；避免洗衣房的振动及噪声对客房的干扰。另外，洗衣房和客房清理部办公室应相互毗邻设置。图4.57为乌兰国际大酒店的洗衣服务系统分析。洗衣房设置在地下一层，酒店客房和餐厅的脏污衣物、餐布等由服务人员从客房区和公共区收集起来后，通过各层的服务电梯、楼梯和污衣井运到洗衣房进行集中清洗与储存。其中，洗衣房和布草库邻近设置，将清洁与储藏功能紧密联系，便于使用。

员工的制服通过洗衣房的洗涤后放入制服房存放和分发，制服房设置在邻近员工更衣室的位置以便领取制服。乌兰国际大酒店的洗衣房与人流集中的公共空间和客房分开，分区布置，避免了洗衣设备运行时的噪声影响（图5.25）。

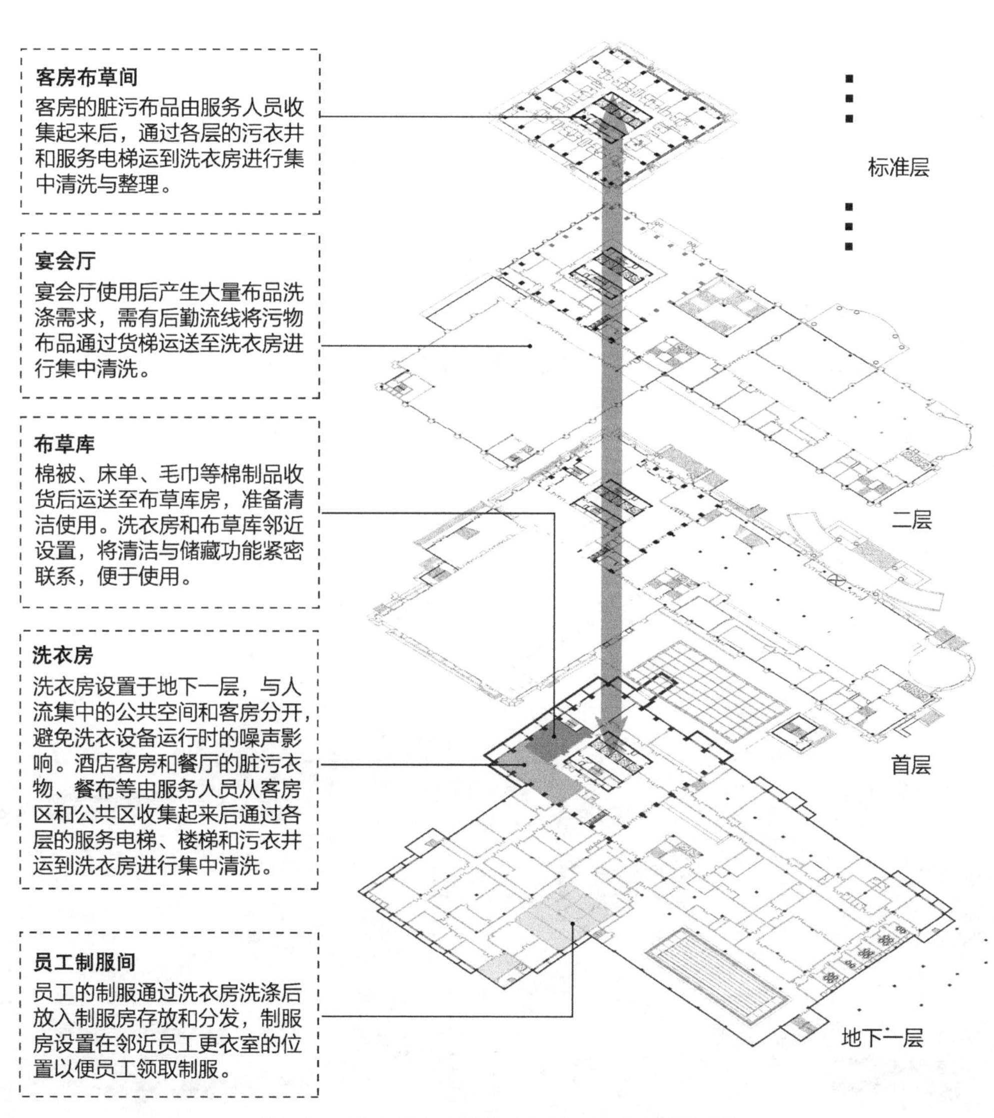

图5.25　洗衣服务系统的空间关系与竖向流线分析

5.3 包头青山宾馆

本节以整体空间视角对青山宾馆的基本功能分区和后线服务系统流线进行剖析。后线服务系统流线包括员工流线、餐厨流线、布草流线及货物流线。

5.3.1 项目简介

1. 项目概述

（1）工程名称：包头青山宾馆5号楼改建工程（图5.26、图5.27）

（2）设计单位：中国城市建设研究院；项目设计人：张春阳、卜德清。

（3）项目位置：包头青山宾馆位于包头市青山区迎宾路，南靠文化路，路南正对城市迎宾广场，西侧为三森建材城，东侧为锦林小区，北侧为青山路（图5.28）。2011年6月建成开业。

2. 主要经济技术指标

（1）总建筑面积为54606.78m^2，地上建筑面积为42386.78m^2，地下建筑面积为12220.00m^2。

图5.26　鸟瞰效果图

图5.27　效果图

图5.28　项目用地及周边情况示意

（2）停车位：共214辆，其中，地面停车107辆，地下停车107辆。

（3）客房间数：272间。

5.3.2 项目定位概述

青山宾馆外部城市环境优美，交通便利，是集园林餐饮、会议服务、健身娱乐、度假休闲、生态居住等为一体的园林式建筑。

青山宾馆地下一层由员工用房、主厨房、餐厅、设备用房及地下停车场组成。一层主要功能由对外开放的餐饮部分、供外来入住人员办理入住手续的服务部分及会议办公部分组成。二层由餐饮部分、客房部分及多功能厅组成。三层由餐饮部分、客房部分及对外办公部分组成。四层由客房部分及娱乐部分组成。

5.3.3 各层平面后线服务系统分析

青山宾馆地下一层主要由地下停车场、后线部分用房及设备用房组成（图5.29）。其中后线服务区域部分由更衣室、淋浴间、休息室、布草间、员工餐厅及厨房部分组成。员工由一层后勤及办公入口进入地下一层。

青山宾馆一层入口主要有主入口、外来人员入口、员工入口及后勤入口（图5.30）。后勤入口主要服务于酒店员工，员工可直接进入一层及地下一层的后线服务区域部分；员工入口服务于酒店行政办公人员；外来人员入口主要服务于来对外开放的餐厅用餐的客

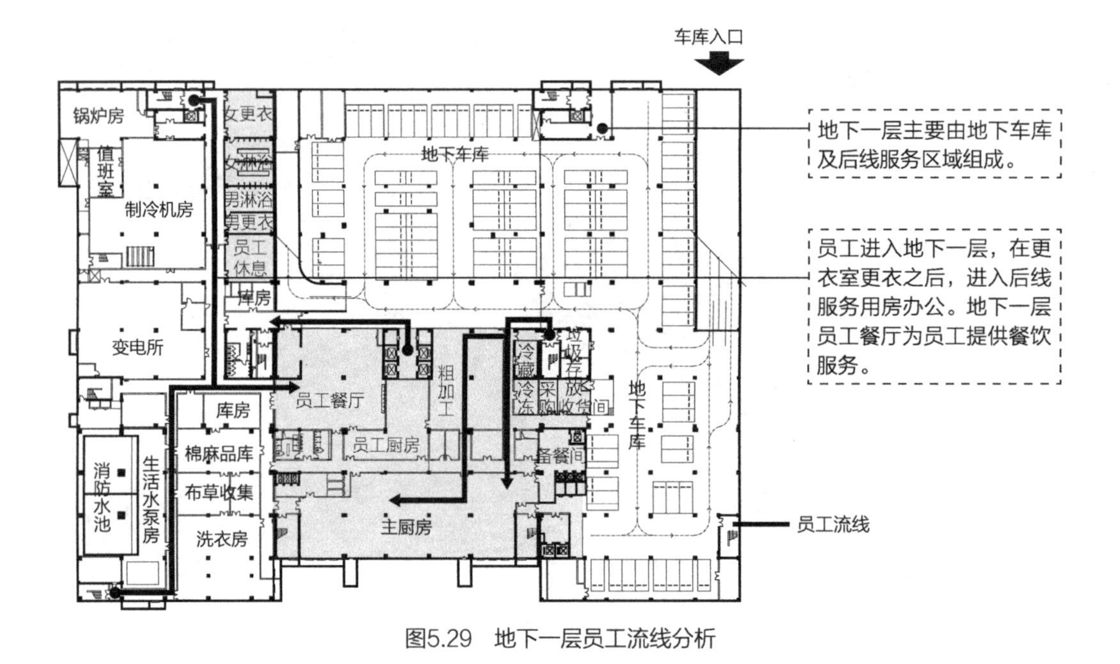

图5.29 地下一层员工流线分析

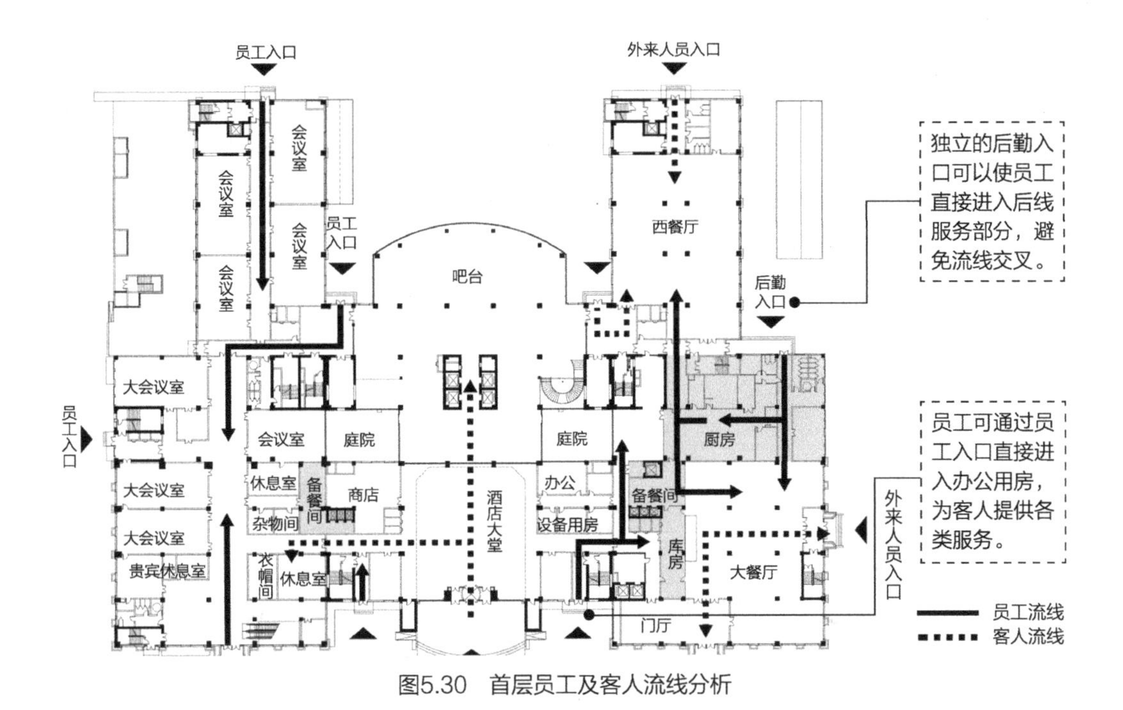

图5.30　首层员工及客人流线分析

人；主入口则是服务于来此入住的客人。

青山宾馆二层由客房部分、餐饮部分及对外多功能厅组成（图5.31）。其中餐饮部分主要流线是把地下一层主厨房及一层厨房制作好的菜品借助食梯、经备餐间送至二层各个

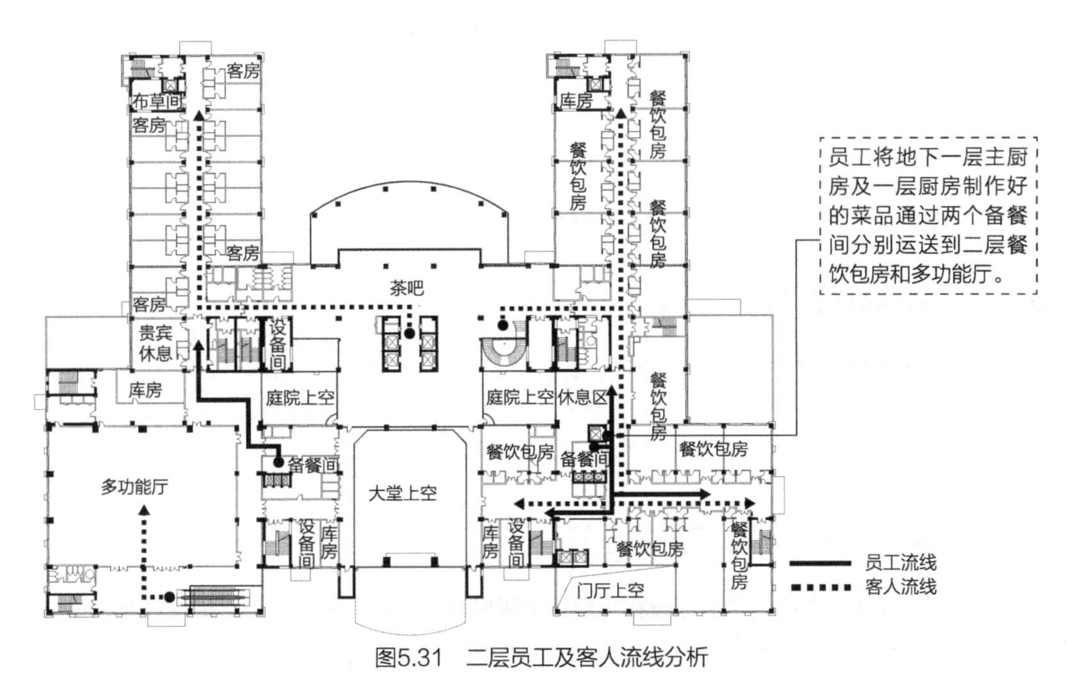

图5.31　二层员工及客人流线分析

包间内。

青山宾馆三层主要是由客房部分、办公部分及餐饮部分组成（图5.32）。其中，餐饮部分流线与二层基本一致。客房部分洗衣房流线为：客房脏污衣物由服务人员收集起来通过污物井和服务电梯运送至洗衣房进行清洗整理，送入布草库储藏待用。客房需要时，通过货梯送至各层客房布草间，再从布草间送至各个客房使用。

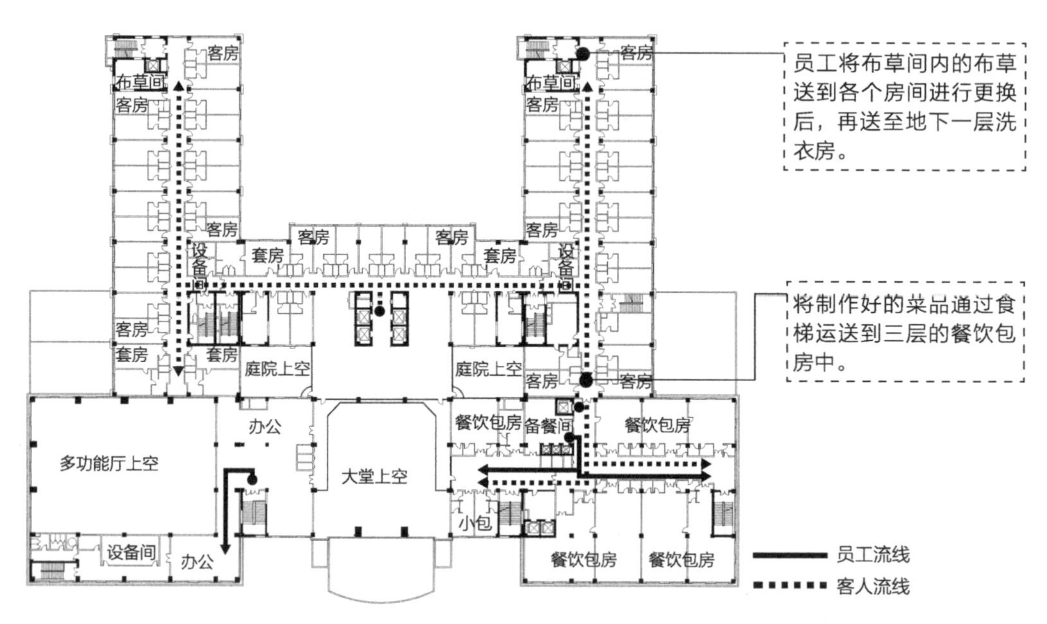

图5.32　三层员工及客人流线分析

5.3.4　设备用房员工流线分析

员工的一般流线是：员工从专用的员工出入口进入，打卡考勤后，进入更衣室穿好制服，通过服务通道进入各自工作岗位（图5.33）。

5.3.5　厨房及货物流线分析

酒店的正常运行需要各种食品原料、必备品、易耗品，这些物品均经过其特定的流线进入其服务系统，其中以食品以及客房布件的进出量最大，在流线设计中应给予足够的重视（图5.34）。

5.3.6　餐厨流线与洗衣房流线分析

（1）餐厨流线。青山宾馆餐厅设在二层，主厨房设置在地下一层，负责提供宾馆内全部餐厅的菜品。另在首层设有次厨房，面积较小。食材原料从库房送到厨房，在厨房经过加工烹饪后将菜品通过食梯送至各层备餐间，由工作人员进行配餐后送至各餐厅及包间（图5.35）。

（2）洗衣流线。服务人员将客房用过的布品收集起来，通过污衣井和服务电梯运送至

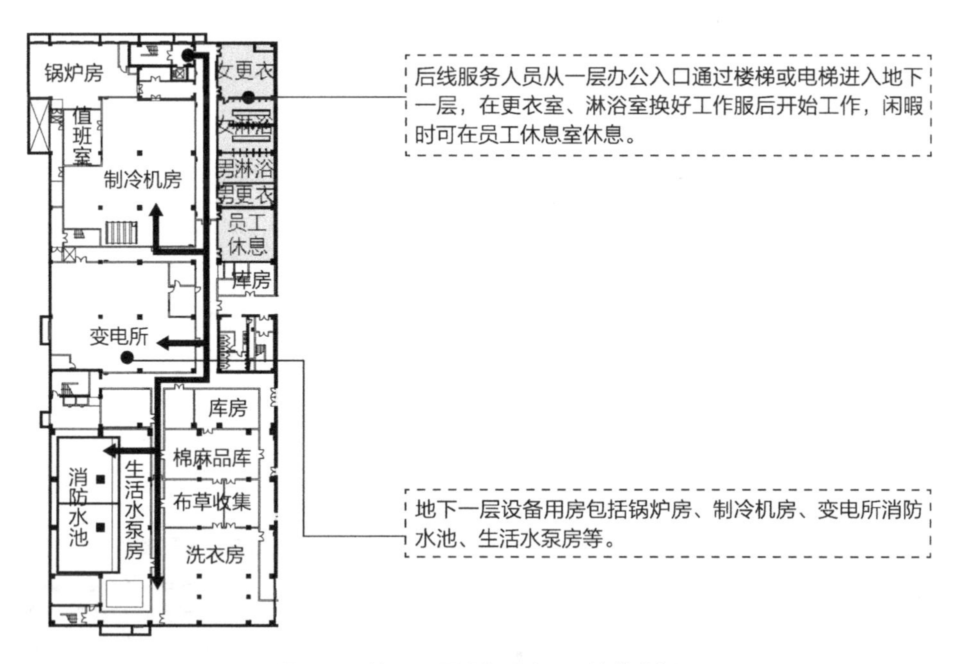

图5.33　地下一层设备用房员工流线分析

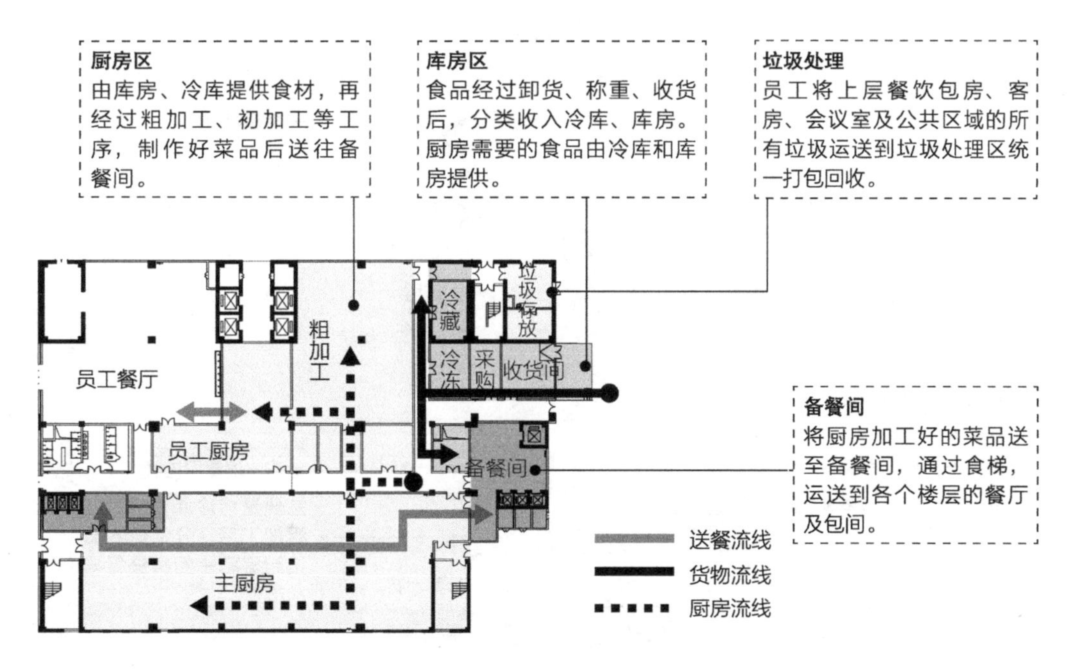

图5.34　厨房及货物流线分析

地下一层，按材质分类后分别送至水洗区及干洗区处理，洗衣后进行整理，然后送入布草库储藏待用。需要时，通过货梯送至各层客房布草间，再从布草间送至各个客房使用（图5.35）。餐厅布品流线与此相似。

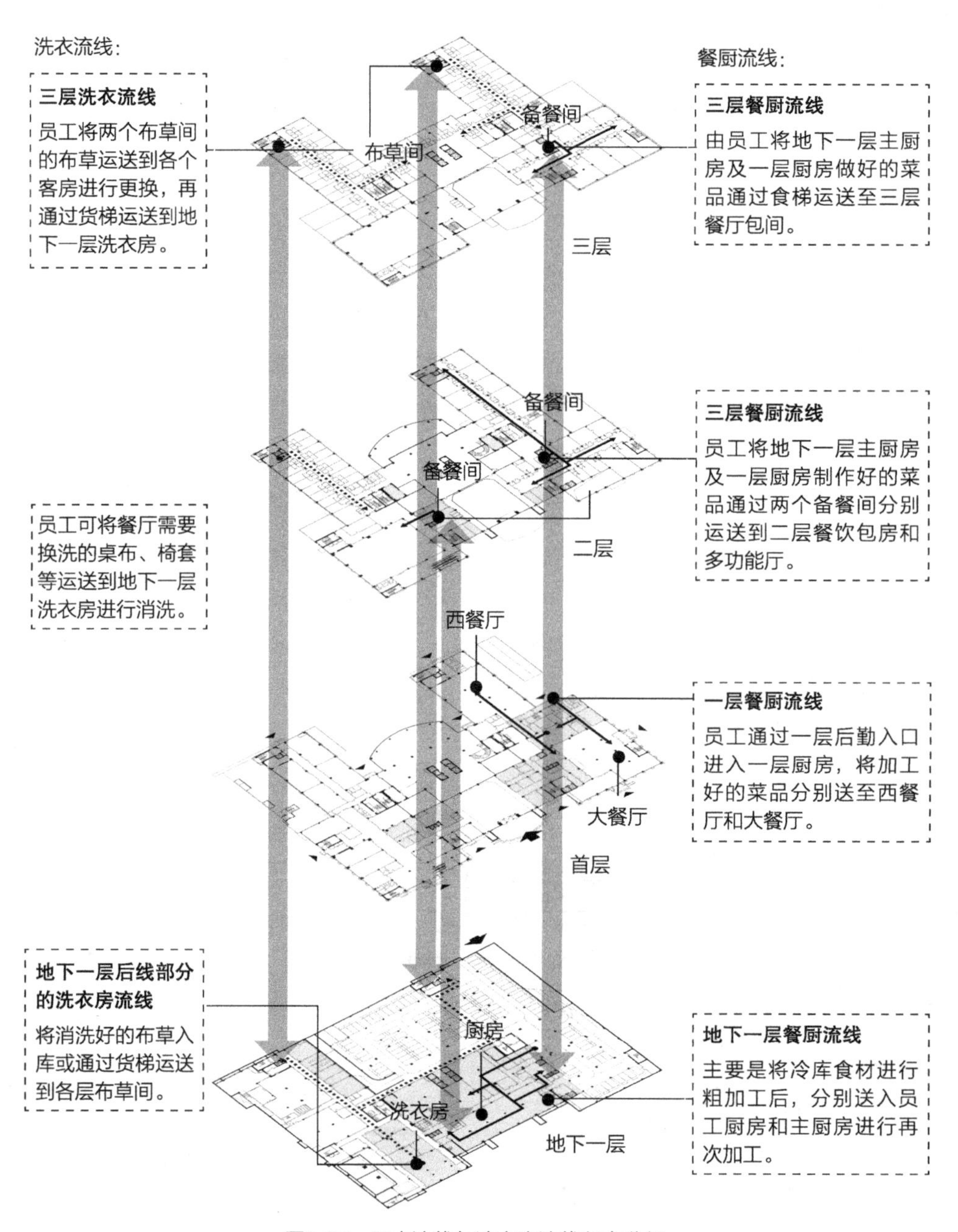

图5.35　厨房流线与洗衣房流线竖向分析

5.4 三都圣山国际大酒店

本节以整体空间视角对圣山国际大酒店的基本功能分区和后线服务系统流线进行剖析。这些流线包括员工流线、餐厨流线、布草流线及货物流线。

5.4.1 项目简介

1. 项目概述

（1）工程名称：三都圣山国际大酒店（图5.36）。

（2）设计单位：中国城市建设研究院；项目设计人：崔博森。

（3）项目位置：项目用地北侧是三郎村和三都县第三中学，东北侧为规划中的三都医院，西侧毗邻三都博物馆和万户水寨，东侧紧邻一条主干路（图5.37）。2021年6月建成开业。

图5.36 项目效果图

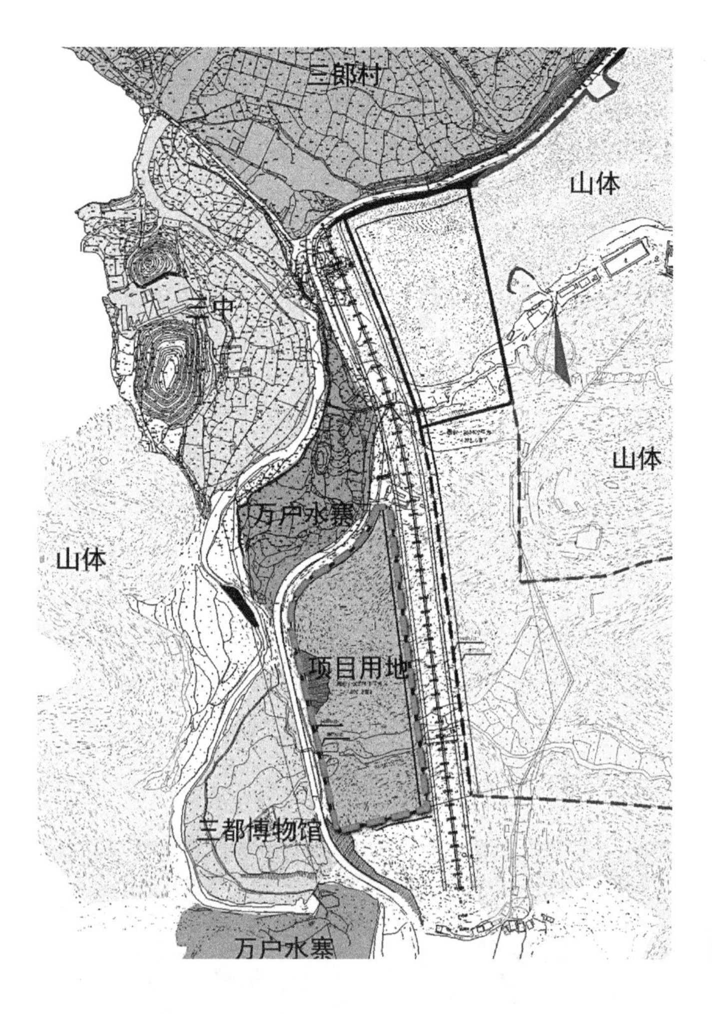

图5.37　项目用地及周边情况示意

2. 主要经济技术指标

（1）用地面积为60574.50m^2，总建筑面积为68327.05m^2。其中，地上建筑面积为55677.05m^2，地下建筑面积为12650m^2。

（2）建筑层数、高度：地下1层，地上8层，建筑高度40m。

（3）停车位：共408辆，其中，地上停车303辆，地下停车105辆。

（4）建筑密度：20%。

（5）容积率：0.91。

（6）绿地率：30%。

（7）客房间数：479间。

5.4.2 项目定位概述

三都圣山国际大酒店地下一层为地下车库、主厨房、各类机房和KTV包房；酒店一层为大堂、次厨房、西餐厅、宴会厅及对外商业；二层为各类餐厅、足疗及台球室等各类娱乐场所；三层至八层为酒店客房层。酒店顶层为机房层，电梯机房、空调机房、卫星接收设备机房及消防水箱间等布置在该层。

5.4.3 各层平面后线服务系统分析

三都圣山国际大酒店是集商业、办公、住宿、餐饮、娱乐为一体的综合性酒店。酒店地面设置停车位303辆，地下停车位105辆，车辆停靠地面停车场或进入地下停车库，人流经由酒店各入口进入酒店内部，人车分流，避免人车流线交叉混杂（图5.38）。酒店主入口和次入口接待外来入住人员，员工入口方便后勤人员直接进入后线服务区域，货流入口主要用于后厨部分货物运输与垃圾处理。主入口、次入口及其他所有人员出入口均可作为疏散口，疏散口要保证紧急情况下的人员疏散安全。

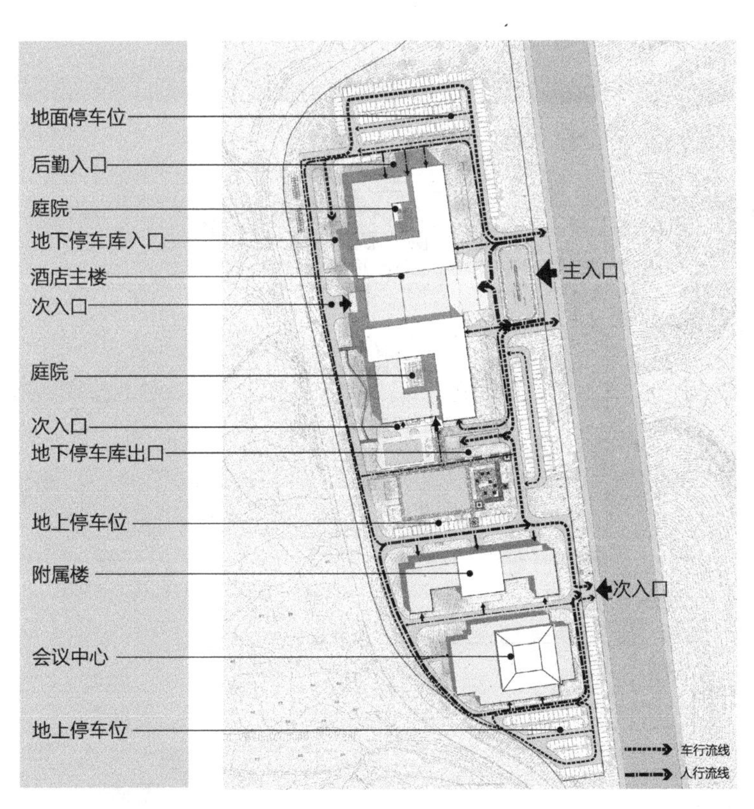

图5.38 入口及人车流线分析

圣山国际大酒店地下一层为酒店后线服务区域的主要部分，由地下车库、主厨房、洗衣房、电力机房和部分娱乐功能构成（图5.39）。后线服务区域的员工可以从员工入口进入，通过室内的楼梯、电梯进入地下一层工作区域；运送货物的车辆可以通过室外坡道到达酒店地下一层进行卸货，卸好的货物运入冷库储存。当上层餐厅后厨需要物品时，可以从冷库通过货梯向上层运输。上层收集的垃圾可以通过货梯运送至地下一层，垃圾分类打包后由垃圾车运走。

圣山国际大酒店首层由大堂、餐厅、宴会厅、娱乐、办公、次厨房、机房构成（图5.40）。员工入口、货物入口均设置在一层，由一层专用入口进入地下工作区域。宴会厅食物由地下一层主厨房制作后经由食梯送达，西餐厅由该层次厨房为其提供送餐服务；该层餐厅、宴会厅及各对外商业房间的脏污布品经由布草井及服务电梯运送至地下一层洗衣房清洗。

圣山国际大酒店二层布置了餐厅、洗浴按摩、棋牌等康乐空间，以及空调机房等（图5.41）。该层各商业用房内的脏污布品由工作人员收集起来，经过布草井和货梯运送至地下一层洗衣房进行清洗；各餐厅包间餐食由地下一层主厨房制作后经食梯送达。

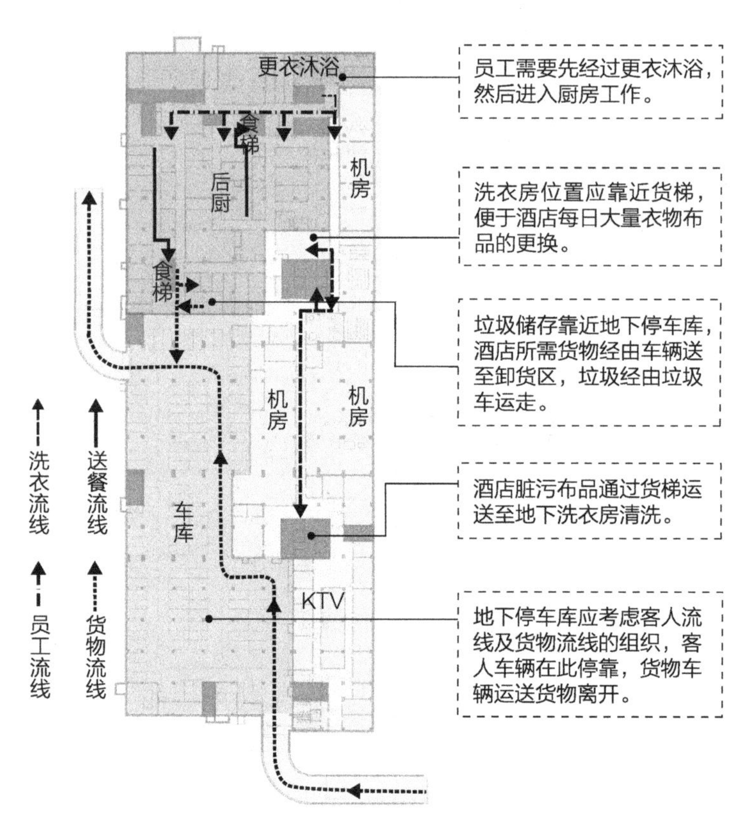

图5.39　地下一层洗衣、送餐、员工及货物流线分析

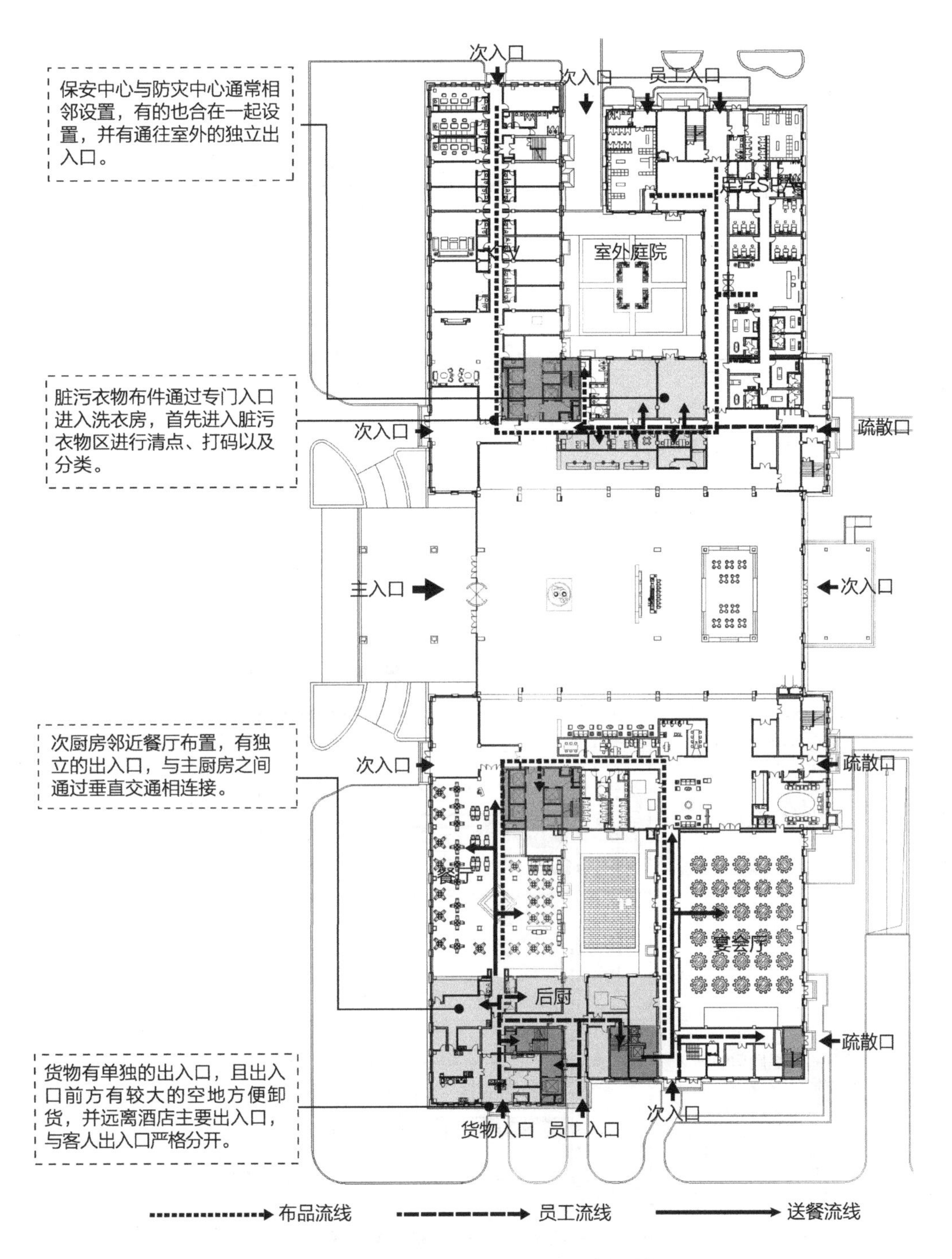

图5.40　一层布品、员工及送餐流线分析

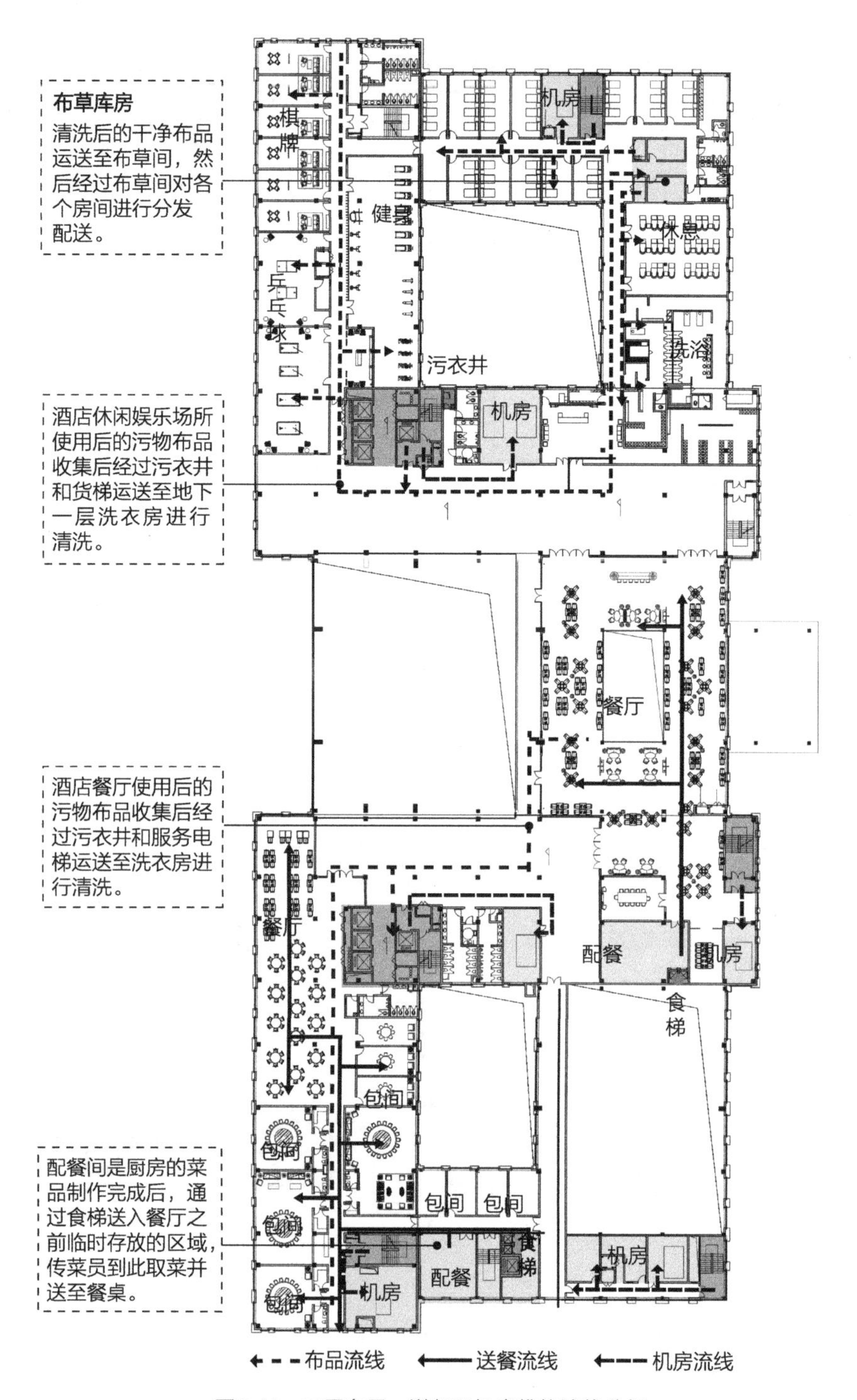

图5.41　二层布品、送餐及机房维修流线分析

圣山国际大酒店三层至八层为客房层，客房层布置单人间、标准间、商务套房及总统套房（图5.42）。酒店内部客房脏污衣物由服务人员收集起来后通过各层污衣井和服务电梯运送至洗衣房进行清洗整理，洗后的干净布草送入布草库待用，最后送至布草间后对各个房间进行分发。

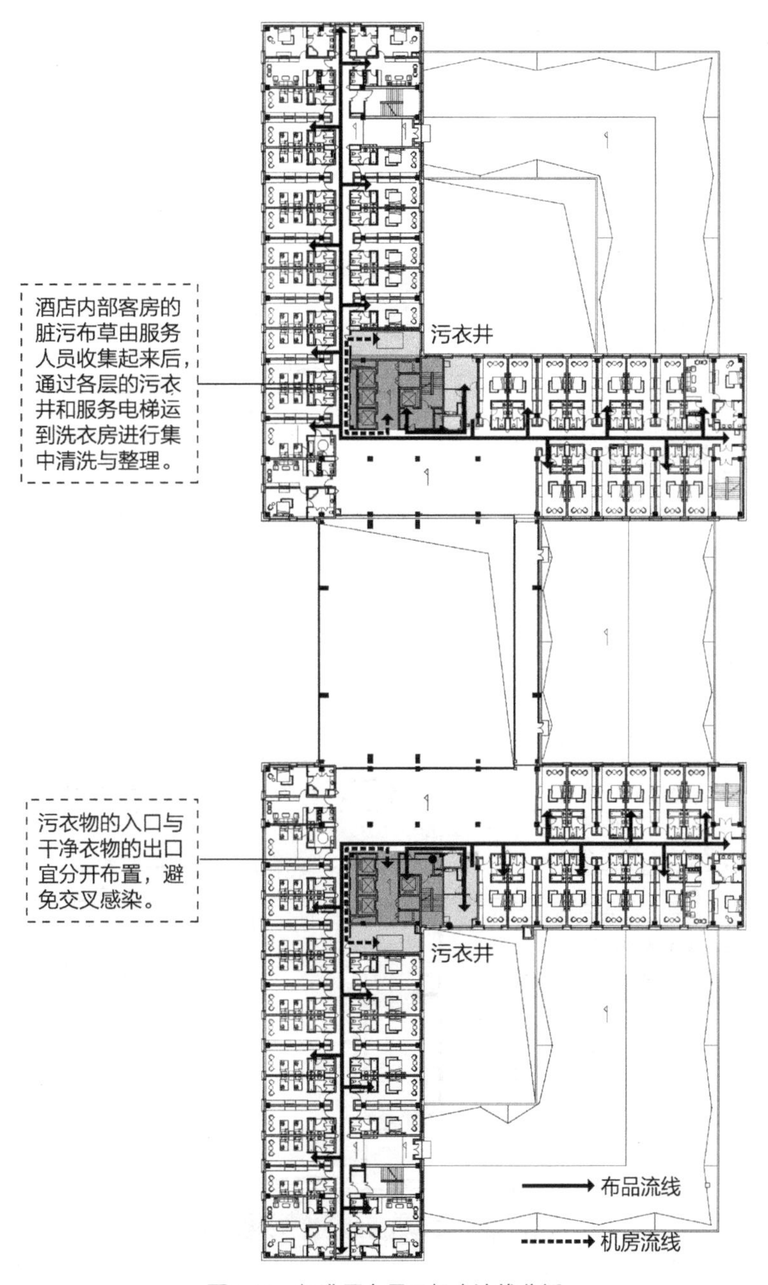

图5.42　标准层布品及机房流线分析

圣山国际大酒店顶层为设备机房层，由电梯机房、空调机房、卫星接收设备机房、消防水箱间等功能用房构成（图5.43）。工作人员通过楼梯进入顶层对机房进行管控和维修。

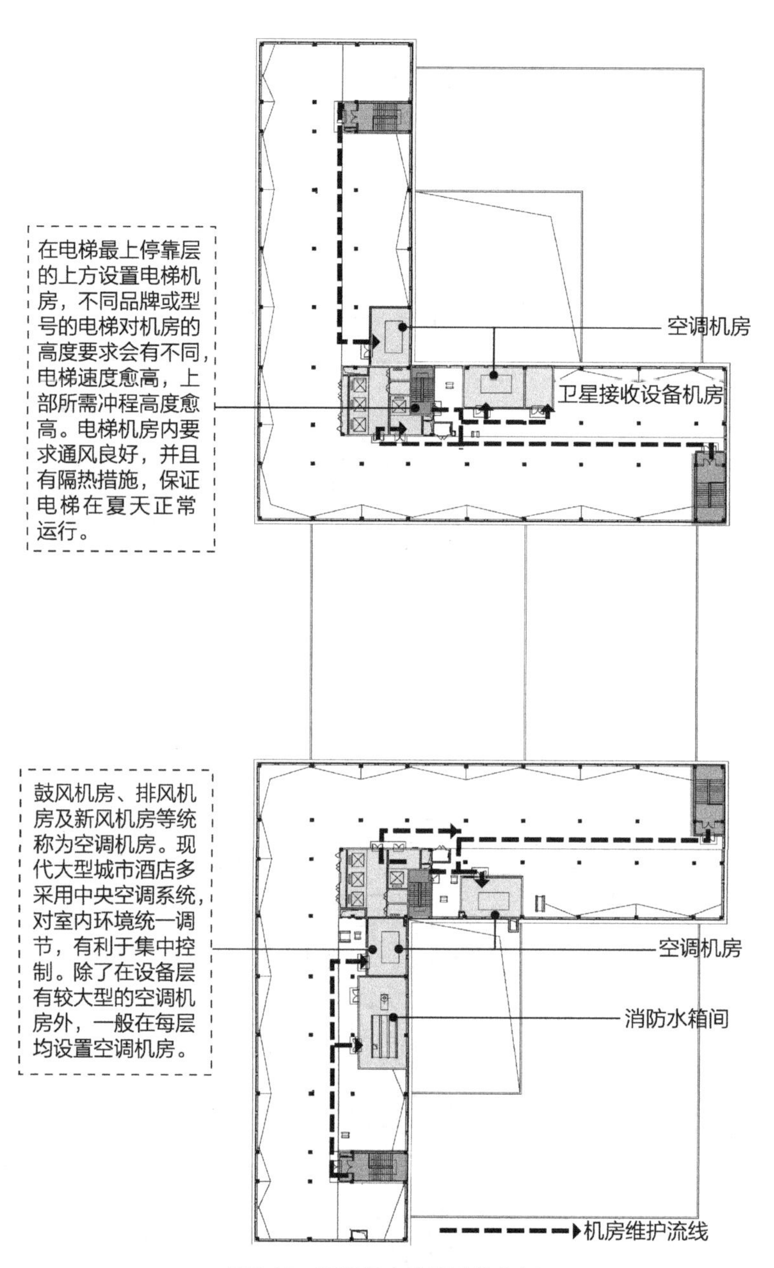

图5.43　顶层机房维护流线分析

5.4.4 餐厨服务系统分析

圣山国际大酒店主厨房位于地下一层，功能完善，酒店大部分的餐食都由这里提供。次厨房位于地面一层餐厅的后方，面积较小，设施不如主厨房完善，有时仅发挥备餐的作用。当仅有备餐功能时，食材运送、加工、烹饪等菜肴的主要制作过程仍在主厨房内完成。宴会厅、西餐厅、中餐厅、餐厅包间分别位于酒店首层和二层，厨房与餐厅之间靠垂直电梯运输菜品。餐食在厨房制作完成后通过食梯运送至相应楼层，服务人员在备餐间配好餐后将其送达指定餐桌（图5.44）。

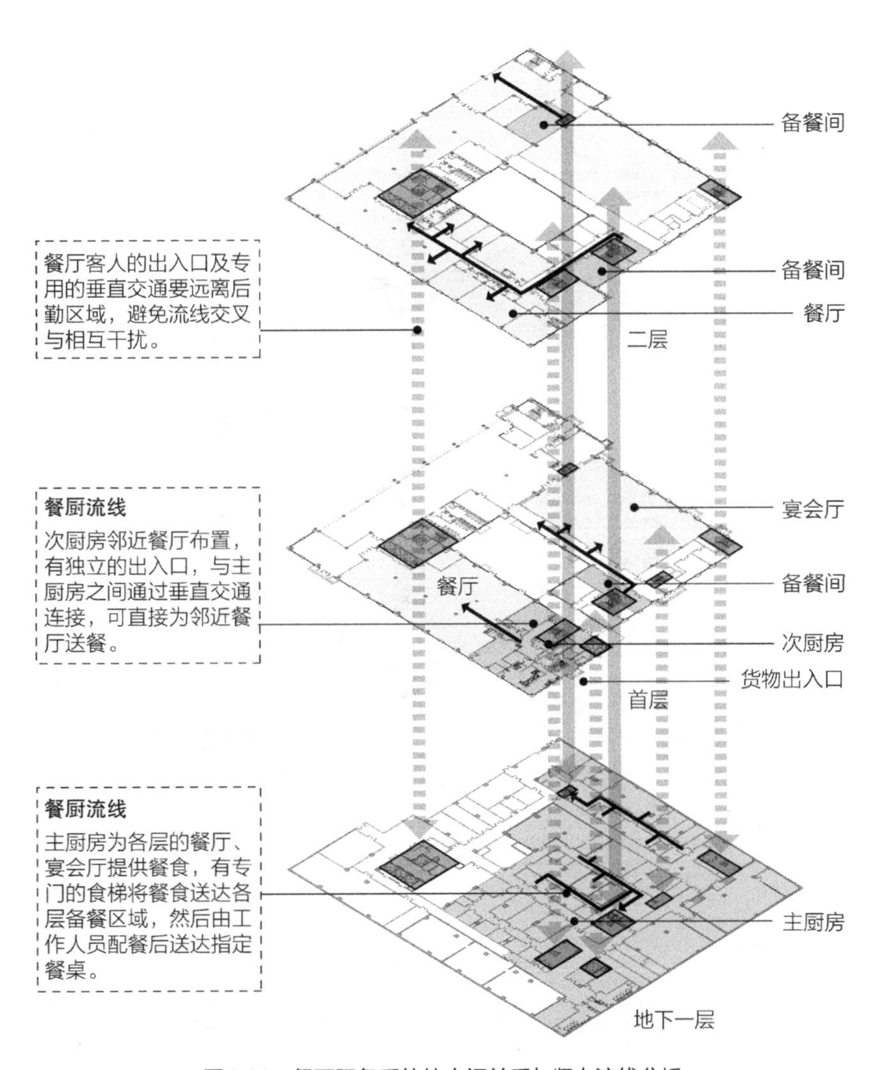

图5.44 餐厨服务系统的空间关系与竖向流线分析

5.4.5 洗衣房服务系统分析

圣山国际大酒店的洗衣房设置在地下一层，脏污的衣物通过服务电梯、楼梯和污衣井从客房区和酒店餐饮区收集、运输到污衣储藏室。衣物进入洗衣房分拣区进行分类后，根据洗涤方式的不同在水洗区和干洗区处理，清洗过后的衣物再在烘干区和熨烫区进一步加工，然后，在折叠区整理干净的衣物被运送至布草库房，再向各楼层布草间进行配送，最后从布草间取出送到客房。员工的制服通过洗衣房的洗涤后放入制服房存放和分发，制服房设置在邻近员工更衣室的位置以便领取制服（图5.45）。

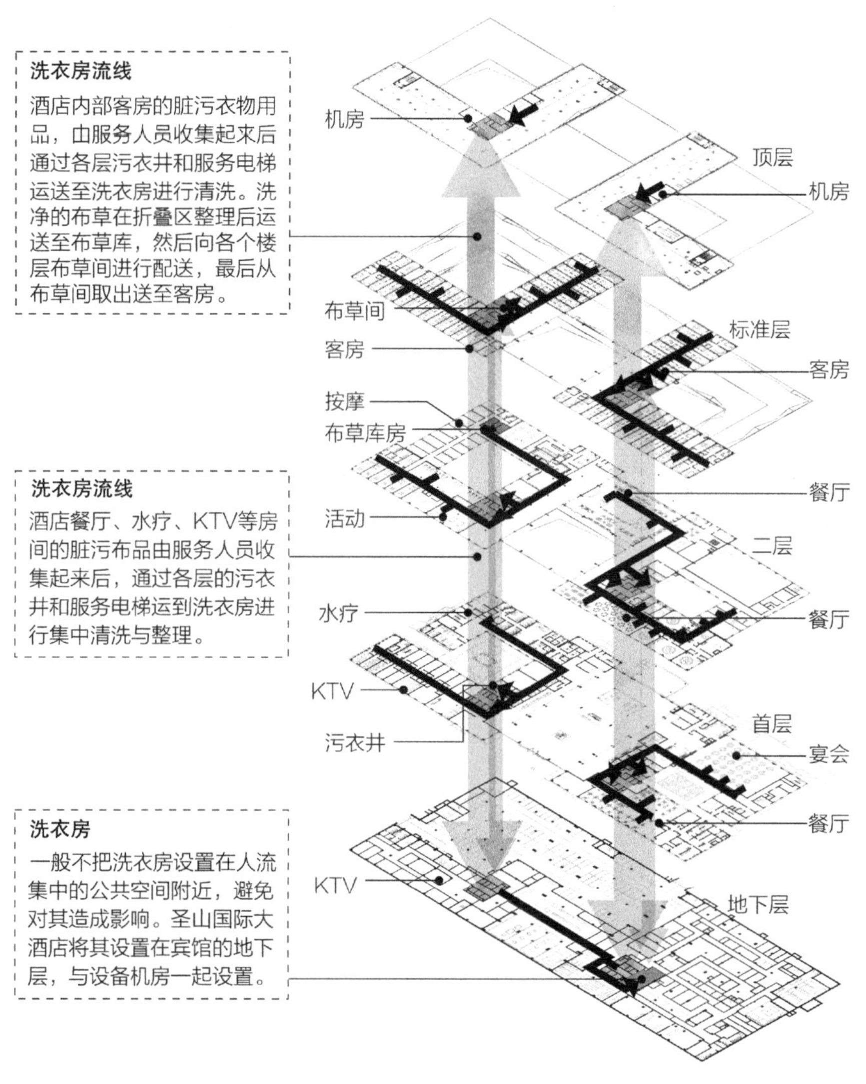

图5.45　洗衣房服务系统的空间关系与竖向流线分析

本章小结

本章以图文结合的方式阐述了若干酒店项目后线服务系统的设计，其设计方案因地区环境、功能需求及建筑规模等条件的差异而呈现出不同特点，但都做到了因地制宜，功能合理，因此成为较为典型的案例。在设计中，只有结合项目实际条件，做出适当调整，最大限度地发挥设计师的作用，才能让每一个具体方案落到实处 。因此，在方案设计时，设计师应深入了解场地状况，认清酒店需求，根据不同酒店的特点有针对性地进行后线服务区域设计。

同时，不同项目后线服务区域的设计方法与内容也具有共性，应从立体空间的角度和系统的角度进行理解。正如本章通过各层平面图与垂直交通图相结合的描制方法，将后线服务区域作为一个系统，在立体空间的维度上进行较为全面的分析。垂直层面上，将后线服务区域与服务对象竖向对应，通过垂直交通与水平交通的设置形成便捷联系；水平层面上，多项后线服务空间相对集中布置在同一区域内，并根据各自功能属性进行内部分区。相互协调又互不干扰。

通过结合理论与实践，把握差异性与共性，才能更好地理解并运用后线服务区域的设计原则，保证后线服务区域设计的合理性与科学性。

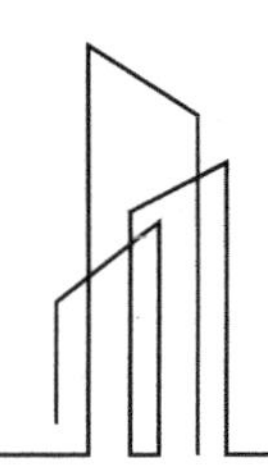

参考文献

专（译）著

[1] 蔡镇钰．建筑设计资料集4[M]．北京：中国建筑工业出版社，1994．

[2] 李道增．环境行为学概论[M]．北京：清华大学出版社，1999．

[3] 扬·盖尔．交往与空间[M]．何人可，译．北京：中国建筑工业出版社，2002．

[4] 潘谷西．中国建筑史[M]．北京：中国建筑工业出版社，2001．

[5] 唐玉恩，张皆正．宾馆建筑设计[M]．北京：中国建筑工业出版社，1993．

[6] 张皆正，唐玉恩．宾馆建筑与设备概论[M]．上海：上海科学技术出版社，1989．

[7] 王仁兴．中国宾馆史话[M]．北京：中国旅游出版社，1984．

[8] 建设部建筑设计院．建筑师设计手册（中册）[M]．北京：中国建筑工业出版社，1995．

[9] 郑焱．中国旅游发展史[M]．长沙：湖南教育出版社，2000．

[10] 理查德·彭奈尔，劳伦斯·亚当斯，斯蒂芬·K·A·罗宾逊．酒店设计规划与开发[M]．温泉，田紫微，谭建华，译．沈阳：辽宁科学技术出版社，2002．

[11] 王奕．宾馆与宾馆设计[M]．北京：中国水利水电出版社，2006．

[12] 郝树人．现代饭店规划与建筑设计[M]．大连：东北财经大学出版社，2003．

[13] 郝树人．宾馆规划设计学[M]．北京：旅游教育出版社，2007．

[14] 秦远好．现代饭店经营管理[M]．重庆：西南师范大学出版社，2007．

[15] 斯第帕纳克．饭店设施的管理与设计[M]．张学珊，译．北京：中国旅游出版社，2003.

[16] 王捷二．饭店规划与设计[M]，长沙：湖南大学出版社，2006．

[17] 王捷二，彭学强．现代饭店规划与设计[M]．广州：广东旅游出版社，2002．

[18] 程新友．宾馆管理新思维[M]．北京：北京大学出版社，2007．

[19] 陈剑秋，王健．TJAD酒店建筑设计导则[M]．北京：中国建筑工业出版社，2016．

[20] 高木干朗．宾馆·旅馆[M]．马俊，韩毓芬，译．北京：中国建筑工业出版社，2002．

[21] 建筑世界杂志社．宾馆建筑[M]．李华敏，译．天津：天津大学出版社，2001．

[22] 霍华德·沃森．宾馆设计革命[M]．北京：高等教育出版社，2007．

[23] 弗雷德·劳森．宾馆设计规划与经营[M]．北京：中国建筑工业出版社，1982．

[24] 吕宁兴，徐怡静．宾馆建筑[M]．武汉：武汉工业大学出版社，2002．

[25] 中国建筑工业出版社，中国建筑学会．建筑设计资料集（第三版）第5分册 休闲娱乐·餐

饮·旅馆·商业[M]. 北京：中国建筑工业出版社，2017.
[26] 袁文博. 闭路电视系统设计与应用[M]. 北京：电子工业出版社. 1988.
[27] 张吉编. 闭路电视的设计安装与调试[M]. 太原：山西科学教育出版社. 1989.
[28] WOMERSLEY S. The Master Architect Series, John Portman and Associates[M]. Mulgrave: Images Publishing Dist Ac; First Edition, 2006.
[29] LAWSON F. Hotels and Resorts Planning[M]. Oxford: Architectural Press; 1, 1995.
[30] AVKAN O. Great Hotel Service：101 Ways to Create Great Customer Service and Experience in the Hospitality Industry[M]. New York: New York City Books, 2019.
[31] CLIFTON D. Hospitality Security: Managing Security in Today's Hotel, Lodging, Entertainment, and Tourism Environment[M]. Abingdon: CRC Press; 1, 2012.
[32] Design Hotels. The Design Hotels Book: New Perspectives[M]. Munich: Prestel, 2020.

学位论文

[33] 韩静. 对当代建筑策划方法论的研析与思考[D]. 北京：清华大学，2005.
[34] 陈序. 建筑策划：理论及其运作模式初探[D]. 昆明：昆明理工大学，2004.
[35] 黄思嘉. 服务蓝图视角下的商务酒店流线体系设计研究[D]. 广州：华南理工大学，2017.
[36] 邓璟辉. 广州五星级商务酒店后勤功能及流线设计研究[D]. 广州：华南理工大学，2015.
[37] 肖鸿. 唐宋时期宾馆业研究[D]. 郑州：河南大学，2006.
[38] 柴培根. 中国宾馆建筑的发展与回顾[D]. 天津：天津大学，1997.
[39] 王宇石. 现代城市宾馆公共部分研究[D]. 天津：天津大学，1999.
[40] 张庆利. 城市宾馆客房设计研究[D]. 北京：北京工业大学，2000.
[41] 龚欣. 现代城市宾馆的功能空间关系研究[D]. 北京：北京工业大学，2003.
[42] 邓洁. 现代城市宾馆主要功能空间面积指标体系研究[D]. 北京：北京工业大学，2003.
[43] 张文进. 现代旅游方式下的宾馆策划及设计原则探讨[D]. 西安：西安建筑科技大学，2003.
[44] 张王虎. 宾馆空间的多用性研究[D]. 合肥：合肥工业大学，2006.
[45] 李志明. 约翰·波特曼的建筑理论与作品研究[D]. 沈阳：沈阳建筑工程学院，2002.
[46] 于文波. 城市建筑综合体设计——空间、功能、交通组织[D]. 西安：西安建筑科技大学，2001.
[47] 康军. 我国宾馆流程再造的思考[D]. 成都：西南财经大学，2005.
[48] 刘巧. 饭店服务流程优化研究[D]. 成都：四川大学，2007.
[49] 冯玮娜. 华南地区高星级商务酒店后勤服务区设计研究[D]. 广州：华南理工大学，2011.
[50] 苏兵. 酒店类建筑光伏—冷热电联供系统的优化与性能分析[D]. 武汉：华中科技大学，2018.
[51] 聂华峰. 体验经济下我国度假酒店设计新趋势研究[D]. 天津：天津大学，2014.
[52] 赵艳. 凤凰帝豪五星级酒店的智能化系统设计[D]. 合肥：合肥工业大学，2006.

[53] 张漪婷. 传统酒店智慧转型背景下北京IH酒店员工培训的优化研究[D]. 沈阳：辽宁师范大学，2019.

期刊

[54] 傅娟. 当代消费文化与宾馆设计趋势[J]. 新建筑，2005（02）：60～63.
[55] 钟曼琳，李兴钢. 结构与形式的融合——路易斯·康的服务与被服务空间的演变[J]. 建筑技艺，2013（03）：24-27.
[56] 周娅. 城市宾馆客房设计研究[J]. 科协论坛，2008（08）：15-16.
[57] 牟杨. 大数据在后勤库存物资智能化管理系统中的应用[J]. 自动化与仪器仪表，2019（04）：233-236.
[58] 薛东，彭志强. 智能厨房饮食系统的开发应用[J]. 科技与新，2020（05）：128-129，131.
[59] 刘琨，李爱菊. 智能库存管理模型及实现[J]. 科教文汇（中旬刊），2009（04）：273.
[60] 叶敬. 酒店智能化系统的设计与研究[J]. 自动化应用，2017（09）：10-12.
[61] 柳振宝，龚霞，陈晨，等. 智能化厨房系统设计[J]. 中国科技信息，2020（Z1）：54-55.
[62] 汪茜. 五星级酒店智能化客房的设计与应用[J]. 科技与企业，2015（24）：86.
[63] 李智峰，施旗，汪兴，等. 十二工位超洁净全自动超声波清洗机设计、研制与应用[J]. 清洗世界，2011，27（08）：22-27，31.
[64] 曾欢，鲁珊. 大数据背景下智慧酒店现状及发展研究——以长沙市星级酒店为[J]. 技术与市场，2017，24（01）：132-134.
[65] 李小刚. 基于移动互联网的智能考勤平台[J]. 信息与电脑（版），2017（06）：113-115.
[66] 黄培翔，王生业. XZ10型电动洗地机动力系统参数匹配及其性能仿真[J]. 青海大学学报（自然科学版），2015，33（03）：6-11，23.
[67] 梁浩，酒淼，李宏军，等.《酒店建筑用于新冠肺炎临时隔离区的应急管理操作指南》编制解读[J]. 建设科技，2020.

网络资源

[68] http://www.nstl.gov.cn
[69] http://www.far2000.com
[70] http://202.204.27.242
[71] http://www.abbs.com.cn
[72] https://www.haier.com/cooling/20180508_86554.shtml?spm=cn.29368_pad.product_20200325.1
[73] https://finance.sina.com.cn/stock/hkstock/ggscyd/2018-10-24/doc-ifxeuwws7726147.shtml
[74] https://www.dezeen.com/2020/05/21/post-pandemic-hotel-manser-practice/

后记

作者最初构思写一本《高层酒店建筑设计》，内容涵盖高层酒店的多个方面。写完初稿之后发现这是一个超大部头的书，页数竟达到500页，不便于阅读与携带。随后决定将它分为两册出版，分为当代高层商务酒店建筑设计和酒店后线服务建筑设计两部分。第一册《当代高层高务酒店建筑设计》已于2019年出版。后作者再次对酒店后线服务建筑设计的书稿进行大幅度修改，增加了大量的工程设计图纸分析以及酒店智能化方面的内容，终于形成这一本图文并茂的《数字时代酒店后线区域建筑设计》。

本书原始构思源于安娟的硕士论文，在此基础之上经过后期撰写而成。

参与后期编写工作的人员有：安娟、和莎、李明帅、李苏之影、白思超、谢亚宁、李硕、柳镔津、公丕欣。其中，安娟参与了全书的构思与撰写工作，李明帅参与了第3、4章的后期撰写工作，李苏之影参与了第2、4章的后期撰写工作，白思超参与了第2、3章的后期撰写工作，谢亚宁参与了第1、2、4章的后期撰写工作，李硕、柳镔津、公丕欣参与了第5章的撰写工作，和莎参与了全书的后期撰写和修改工作，刘美彤参与了部分图片的绘制工作。

另外，特别要感谢中国城市建设研究院副院长徐宇宾、建筑设计院副院长王冬青、总工崔博森、建筑所副所长张春阳，中国电子工程设计院建筑所副所长罗丹对本书写作给予的大力协助。

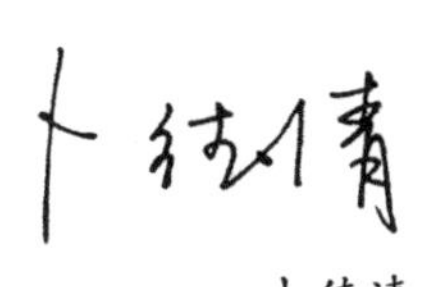

卜德清